AF831805

Mein
Lebenslauf
und
mein Wirken im Fache der Sprache und der Kunst;

zunächst für Freunde und Wolwollende.

Nebst

Drukberichtigungen und Zusäzen

zu der

lezten Ausgabe meiner Schrift

über Wortmengerei, 1823.

Von

Karl Wilhelm Kolbe.

Berlin und Leipzig.

Bei G. Reimer.

1825.

V o r w o r t.

Die Zusäze sind in diesen wenigen Blättern die Hauptsache. Das Übrige bitte ich den Leser als bloſses Beiwerk hinzunehmen. Es wurde durch eine Auffoderung der Herausgeber des brokhausischen *Conversationslexicons* veranlast, die mich ersuchten einige Worte über mich und mein Wirken im Fache der Sprache und der Kunst, behufs ihres Werks, zu Papier zu bringen. Ich trug kein Bedenken mich ihren Wünschen zu fügen, und so fülten sich unter meiner Feder einige Bogen, deren Inhalt aber nur im Auszuge öffentlich erscheinen wird. Auf das Zureden mehrerer Bekanten, denen ich sie in der Handschrift mitgeteilt, lasse ich sie jezt hier, volständig und wie ich sie niedergeschrieben, nur hie und da etwas erweitert, abdrukken. Sie sind, wie schon auf dem Titelblat bemerkt wird, zunächst für Freunde bestimt, — und etwa noch für die Wenigen, deren Wolwollen ich durch meine Sprachuntersuchungen so wie durch meine Leistungen in der Kunst mir vielleicht gewonnen haben möchte.

Unter den Zusäzen ist einer, auf den ich vorzüglich die Aufmerksamkeit des Lesers zu lenken wünschte, weil er erstlich gewissermaafsen historischer Art ist und uns zeigt wie unsere Alten verfuhren, wenn sie aus fremden Reden die ihrige bereichern wolten; und dan weil aus ihm unter anderm auch sehr klar hervorgeht, was man bisher so wenig beachtet, dafs in einer gegebenen Sprache, in der Sprache, sofern sie als Einzelwesen, nicht als Sprache überhaupt genommen wird, die Form nicht unter dem Inhalt, ja wol höher noch steht als dieser, und dafs man folglich einer solchen ans Leben geht, wenn man ihren Inhalt auf Kosten ihrer Form begünstigt. Er steht S. 57, hebt an mit den Worten: „Man spricht von Verwirrung der Sprache durch das Einführen neuer Wortprägungen, etc." und reicht bis S. 76. Wer, was ich hier gesagt, mit Bedacht durchliest, wird nicht ohne Bestürzung wahrnehmen wie so gänzlich wir Deutsche bei unserem Erweitern der Muttersprache von der Bahn der Natur abgekommen sind, und was für ein Ungeheuer aus ihr, sofern wir sie als eine Einheit und als ein Kunstwerk zu betrachten haben, unter unseren Händen bereits geworden ist.

Ich habe in diesem Zusaze den Gang, den unsere Vorfahren beim Einbürgern fremder Wörter unsere Rede gehen liefsen, den natürlichen Bildungs- oder Fortbildungsgang der Sprache genant. Dafs er dies wirklich ist, beweisen alle Sprachen, Ursprachen und abgeleitete, die Abheimisches an sich gezogen, die lateinische, die italiänische, die spanische, die französische, selbst die griechische. Sie alle schöpften in ihren früheren und frühsten Zeiten aus den Sprachen anderer Völker, die lateinische aus der griechischen, die italiänische aus der gothischen, die spanische aus der arabischen, die französische (welcher die lateinische zu Grunde liegt,) aus der germanischen und gallischen, die griechische aus dem Sanskrit, und sie gingen alle ohne Ausnahme den bemerkten Gang; alle hielten bei Bearbeitung des Fremden das Gesez ihrer eigenen Wortbildung fest, unterwarfen das Neuaufgenommene den Regeln ihrer Grammatik, und schlossen es in Klang, Bau und Betonung, also in allen Beschaffenheiten der Form, der Natur und Weise ihres Ganzen an. — Erst in neueren Zeiten, in Zeiten der Verwilderung und der Barbarei, hat die unsrige, wie ehemals die römische nach den Tagen des Hadrianus, diesen Naturweg verlassen, um, wie sie, einen ganz entgegengesezten einzuschlagen.

Lebenslauf.

Mein Lebenslauf ist sehr einfach. Ich wurde in Berlin geboren, kurz nach dem Ende des siebenjährigen Krieges. Jahr und Tag weis ich nicht mit Sicherheit anzugeben. Mein Vater, Goldstikker und Tapetenmacher, war ein Deutscher, meine Mutter, eine geborene Rollet, aus der französischen Kolonie. Französische Sitte und Sprache herschte im Kreise unserer Familie, und ich wuchs gleichsam mehr in französischer als in deutscher Luft auf. Man brachte mich auf die französische Gelehrtenschule, wo alle Gegenstände des Unterrichts französisch vorgetragen wurden, französische Verfahrungsweise im Betrieb des Wissenschaftlichen als Richtschnur und Regel galt, und der alte, rechtgläubige französische Geschmak, wie die Zeiten Ludewigs XIV ihn gestaltet, festgestelt und geheiligt hatten, in Sachen der Litteratur ganz an der Tagesordnung war. Ich durchlief alle Klassen und wurde hier mit den besten Schriften der Alten, der Römer vorzüglich, und dan auch der Franzosen, bekant. Eben war ich im Begrif nach Halle abzugehn um mich dort der Rechtsgelehrsamkeit zu widmen, als mir eine Lehrerstelle am Philanthropin in Dessau, welches gerade damals in seiner schönsten Blüte stand, unter sehr annehmlichen Bedingungen angetragen wurde. Da mein Vater nicht vermögend war und ich von ihm keine Unterstüzung auf der Hochschule zu erwarten hatte, so schien es mir geraten diesen Ruf nicht abzulehnen. Ich schlug ein, und verlebte etwa drei Jahre an der genanten Anstalt. Der muntere, zwanglose, von aller Schulpedanterei entfernte Ton, der hier vorherschte und Lehrer und Kinder unter sich gleichsam zu Einer traulichen Familie verband, und dan die herlichen Umgebungen Dessaus, die gegen die kahlen Sandsteppen meiner Vaterstadt so vorteilhaft abstachen, liefsen mich meine Lage liebgewinnen; und nur ungern entschlos ich mich sie aufzugeben, als durch Vermittelung eines Verwandten die Stelle eines Forstsekretairs und Bibliothekars im unmittelbaren Dienste des Ministers von S.... K.... sich mir auftat. Dieser Posten schien zu glänzende Aussichten zu bieten, als dafs ich ihn hätte ausschlagen dürfen. Inzwischen fühlte ich sehr bald, nachdem ich ihn wirklich angetreten, dafs die Natur mich zum Geschäftsleben nicht bestimt habe und dafs auf dieser Bahn mir nun und nimmer Rosen blühen würden. Der Zwang der Kanzelei, wo ich oft ohne Beschäftigung die besten Stunden des Tages verträumen und vergähnen muste, das Mechanische und Leere der Beschäftigungen selbst, die gröstenteils in Abschreibereien bestanden, das Gesum in dem weitläufigen Zimmer, wo sieben bis acht Federn und eben so viel Zungen abwechselnd rauschten und tätig waren, alles dies wurde mir in die Länge unerträglich. Mein Ekel an einer so öden Lebensweise wuchs von Tage zu Tage, und ein höchst unangenehmer Auftrit mit dem Minister selbst, der mein Ehrgefühl auf das empfindlichste verlezte, gab endlich der Sache völlig den Ausschlag und bestimte mich jählings meinen Abschied zu fodern. Ich kehrte nach Dessau zurük, wo man mich mit offenen Armen wieder aufnahm. Hier verlebte ich abermals einige recht glükliche Jahre im Kreise von Männern, deren viele sich späterhin in der

Litteratur einen Namen gemacht haben, als Wolke, Busse, (Hofrat in Freiberg,) Matthisson, Sander, (gestorben in Koppenhagen und als deutscher und dänischer Dichter bekant,) Salzman, Crome, Spazier, Olivier, u. s. w. *). Einer der Gediegensten, der an Charakterstärke und Geisteskraft, wie nicht minder an weitreichender wissenschaftlicher Bildung besonders hervorragte, der Magister Götz, der späterhin dem Lyceum zu Riga als Director vorstand, ist aus der Welt geschieden ohne etwas anderes als im Herzen seiner Freunde und Bekanten ein ehrenvolles, unvergängliches Andenken zu hinterlassen, Er, der, wenn er nicht ein so geringes Gewicht auf Schriftstellerruhm gelegt hätte, vielleicht ein glüklicher Nacheiferer Lessings hätte werden können, dessen Landsman er war, und mit dessen Geiste der seinige in Vielem auf die auffallendste Weise und fast brüderlich zusammentraf. Ich nenne diesen Man hier besonders, weil sein Umgang den entschiedensten Einflus auf meine geistige Bildung gehabt hat.

Inzwischen sank sichtbarlich die Anstalt von ihrer Höhe herab. Die Klugheit gebot mir bei Zeiten nach einer anderen Seite hin, wo möglich, mir einen Ausweg zu bahnen, um von dem drohenden Sturze derselben nicht ratlos überrascht zu werden. Ich hatte von meiner ersten Jugend her viel Neigung zum Zeichnen gehabt, diese Neigung aber bis dahin nur in Nebenstunden, sehr unterbrochen und planlos, befriedigt. Jezt beschlos ich, troz meinem Alter, (ich war bereits über die Dreifsige hinaus;) mich ausschlieslich der

*) Campe war nicht mehr in der Anstalt. Mit ihm bin ich nie weder persönlich noch brieflich zusammengetreten.

Kunst zu widmen und das Versäumte mit Aufbietung meiner ganzen Kraft nach Möglichkeit wieder einzuholen. Ich arbeitete rastlos; und als ich einige nach meinem damaligen Dafürhalten nicht ganz verunglükte Blätter zusammengekrizelt, übersandte ich sie dem in Berlin lebenden, algemein bekanten Chodowiecki, der mein naher Anverwandter war und schon früher durch aufregenden Zuspruch meine Neigung gereizt und angefacht hatte, mit dem Ersuchen mir offenherzig und ohne alle Umschweife zu schreiben ob nach den mitgeschikten Proben zu urteilen, er für möglich hielt dafs ich bei ernstem Wollen und redlichem Fleis mich noch zu einem nicht ganz gemeinen Künstler würde hinaufarbeiten können. Die Antwort fiel ermunternd aus, und nun stand mein Vorsaz fest. Ich kehrte nach Berlin zurük, lies mich sofort in die dortige Akademie aufnehmen und sas nun, ein bärtiger Dreifsiger, mitten unter einem Schwarme zehnzwölfjähriger Knaben, auf gleiche Weise wie sie beschäftigt, und wie sie jedem Winke des Lehrers mich fügend. Auch hier ging ich alle Klassen durch und erwarb mir durch angespanten Fleis den Beifal aller meiner Oberen. Mit lebhaftem Vergnügen erinre ich mich noch wie einst der damalige Director Meil, ein gelehrter Kunstkenner und treflicher Zeichner, (dem Laien in der Kunst auch durch seine Verbindungen mit Lessing bekant,) nach Besichtigung eines Akts, *) den ich eben beendigt, mir wolwollend auf die Schulter klopfte mit den Worten: es ist Zeit dafs Sie die Akademie verlassen; Sie können hier nichts mehr lernen, — Er, dessen Fehler das Schmeicheln sonst eben nicht war. Dennoch konte ich nicht ganz ungeteilt

*) Einer nach dem Leben gezeichneten menschlichen Figur.

der Kunst leben. Der Drang der Not zwang mich in der Handlungschule, die der Doktor Schulze, mein ehemaliger Amtsgenosse am Philanthropin, in Berlin gestiftet hatte, eine Lehrerstelle anzunehmen, die mir täglich mehrere Stunden wegfras. Doch gehörte der gröſsere Teil meiner Zeit der Kunst, und nur der Kunst an. In den lezten Jahren meines Aufenthalts in meiner Geburtstadt machte ich auch auf eigene Hand, fast ohne Anleitung, meine ersten Versuche im Radiren, die freilich anfangs gar erbärmlich ausfielen, aber bei immer neuem Ansaze auch immer besser und besser gerieten und schon damals die Blikke einiger bewährten Kenner auf mich lenkten.

Zu dieser Zeit ging der Fürst, später Herzog von Dessau, mit dem Vorhaben um in seinem Lande eine Kunstakademie zu gründen: welches Vorhaben jedoch aus Ursachen, die nicht hieher gehören, nie zur Ausführung kam. Mir war an dieser Anstalt eine Lehrerstelle zugedacht. Ich kehrte demnach in meine andere Heimat wieder zurük; und da vorerst noch keine Einrichtungen getroffen waren, auch der Wille des Fürsten sich noch nicht ganz bestimt zu haben schien, so erhielt ich vorläufig den Auftrag an der durch Neuendorf wiedergeborenen Hauptschule einige französische Lehrstunden und den Unterricht im Zeichnen zu übernehmen. Die ersteren gab ich späterhin an einen anderen Lehrer ab. Der Unterricht im Zeichnen ist mir geblieben, und er fült bis auf diesen Augenblik den Kreis meiner amtlichen Wirksamkeit aus.

Die Jahre 1805 — 7 brachte ich mit Bewilligung des Fürsten in Zürich zu, wohin die gesnerische Buchhandlung, welche die hinterlassenen landschaftlichen Gemälde des berühmten Dichters in geäzten Blättern der kunstliebenden Welt bekant zu machen wünschte, mich zur Ausführung dieses Unternehmens berufen hatte. Diese drei Jahre kan ich zu den seligsten meines Lebens rechnen. Ich lebte in der gesnerischen Familie wie ein Kind des Hauses. Die ehrwürdige, höchst geistreiche Mutter, die beiden Söhne, des Buchhändlers Gattin, eine geborene Wieland, trugen mich fast im eigentlichen Sin auf den Händen und kamen auch meinen leisesten Wünschen mit der zartesten Sorgsamkeit zuvor. Die dortigen Künstler und Kunstliebhaber, die einen geselligen, vertrauten Kreis bilden, nahmen mich auf das freundlichste in ihren Versamlungen auf und traten mir überal mit Achtung und herzlicher Biederkeit entgegen. Dazu die herliche Natur der Schweiz, die ich leider im Drang der Umstände nur teilweise, nicht in ihrem ganzen Umfange habe geniefsen und auskosten können. Ungern schied ich aus diesem Lande, dessen glänzendes Bild wol erst mit dem Tode in meiner Seele untergehen wird.

Kunst.

In der Kunst, wenigstens in meinem eigentlichen Fache, der Landschaft, kan ich für einen Selbstgelehrten gelten. Auf der Akademie habe ich mich ausschlieslich mit der Figur beschäftigt. Denn aus einer Art von Eigensin wolte ich erst, und zwar so schnel als möglich, das Schwierigere im Rükken haben, bevor ich mich ganz und ungeteilt dem Leichteren hingäbe. In der Landschaft, die meinem Sinne zunächst und vorzüglich zusprach, und zu der ich mir wirklich einiges Geschik zutraute, hielt ich ohne Lehrer, ohne Unterweisung meinen eigenen Gang, — einen Gang, welcher freilich jeden Anderen, der weniger Empfänglichkeit für Naturschönheit gehabt hätte, als ich, nicht eben weit geführt haben würde. Schon von meinen ersten Kinderjahren her hing ich leidenschaftlich an reizenden Naturszenen. Ein blühender Rasenplaz, ein schön geformter Busch, ein reichbelaubter Baum ergrif mich mit Zaubergewalt. Wäre mir die Wahl geboten worden König zu sein in einem öden, kahlen Lande, oder Betler in einer reichgeschmükten, in üppigem Pflanzenwuchse prangenden Gegend, ich hätte den Betler dem Könige vorgezogen. — In dem unsteten und planlosen Getreibe meiner Jugend, wo das Zeichnen mir nur Erholung und Zeitvertreib war, versuchte ich im Sinne der mich in Dessau umgebenden, reizenden Natur zu arbeiten. Vorzüglich zog mich der prachtvolle Eichenwuchs an, der dies Ländchen vor anderen verherlicht. Doch habe ich nie, selbst nicht in Einzelheiten, in Bäumen, Sträuchern, Kräutergruppen u. s. w. die Natur unmittelbar nachgebildet. Diese hat so manches Lebendige und Geistige, das auch dem geübtesten Griffel treu und rein dem Papiere wiederzugeben unmöglich wird. Je mehr und tiefer und inniger der Zeichnende dies Lebendige und Geistige, wenn er es vor Augen hat, empfindet und geniefsend in sich aufnimt, desto mehr drükt ihn das Gefühl seiner Ohnmacht und das lebhafte Bewustsein nieder, dafs er hier troz aller Anstrengung, in Folge seiner menschlichen Beschränktheit, dennoch nur Flikarbeit liefern kan und unendlich weit hinter der Wirklichkeit zurükbleiben mus. Ich begnügte mich immer auf meinen Wanderungen und Spaziergängen die Natur scharf ins Auge zu fassen und ihre Erscheinungen mir fest ins Gedächtnis zu prägen; dan versuchte ich, was haften geblieben war, in eigenen Erfindungen und Zusammenstellungen wiederholend anzubringen. Dieser Sitte blieb ich auch in Berlin getreu. Nächst der Natur waren meine Führer Waterlo und Gesner, zwei Männer, die man wol mit Recht ihre Begünstigten und Auserkohrenen nennen mag, und die gefühlvolsten Erspäher ihrer verborgensten Reize und Herlichkeiten. Ihre Blätter kamen nicht aus meinen Händen, wenn schon ich keines derselben, auch selbst in Einzelheiten nicht, je eigentlich nachgebildet habe.

Ich sah sehr wol ein dafs in meinem Alter ich mich nicht zu sehr ausbreiten dürfe und das Schwierigere dem Leichteren durchaus nachsezen müsse, solte es mir anders noch gelingen als Künstler mich auszuzeichnen; und so lies ich mich auf das Malen lieber gar nicht ein, von welchem schon das Technische mich abschrekte. Denn zu dem Mechanischen Teile der Kunst hat mir die Natur alles Geschik versagt, und selbst in meinem Fache, dem Radiren, bin ich noch immer hier so sehr ein Neuling, dafs ich mit jeder neuen Platte auch meine Schule von vorn wieder anfangen mus. Ich beschlos mich auf das Arbeiten mit der Nadel zu beschränken und eine Reihe selbsterfundener Landschaften, gros und klein, wie etwa mein Vorgänger Waterlo, in geäzten Blättern herauszugeben.

In diesem engeren Kreise habe ich es nun allerdings zu einiger Fertigkeit gebracht. Ich arbeite schnel und fast nur mit der Nadel. In der Regel mus die Platte fertig und beschlossen sein so wie ich sie aus dem Scheidewasser hebe. Doch werde ich nicht selten genötigt, wenn dies und jenes (was leider noch häufig geschieht,) im Äzen versehen worden und zu schwach ausgefallen ist, den Grabstichel zu Hülfe zu nehmen um den matten Stellen Leben und Kraft zu geben. Manche der Platten, die ich in Zürich nach Gesners Gemälden verfertigt, habe ich in einem Zeitraume von kaum mehr als zwei Wochen angefangen und beendigt. Und doch widme ich der Arbeit immer nur die Morgenstunden, da ich die Nachmittage gewöhnlich in der freien Natur verlebe, deren Genus mir unentbehrliches Bedürfnis geworden ist. Viele der Blätter, die ich eben am raschesten hingekrizelt habe, gehören mit zu den gelungensten meiner Hervorbringungen. In der Landschaft mus die Nadel auf dem Kupfer freien Lauf haben, wenn ihren Gebilden der lebendige Geist, das heist das Wesentlichste, nicht verkümmert werden oder gar gänzlich ausgehen sol. Am liebsten arbeite ich nach selbstverfertigten rohen Skizzen, wo nur die Hauptgegenstände und Licht und Schatten in algemeinen Umrissen und Massen leicht und flüchtig angedeutet sind. Eine bestimtere, vollendetere Zeichnung legt mir einen Zwang auf, der in die Ausführung auf dem Kupfer übergeht und sie mehr oder minder versteift und ungelenk macht. *) Nur zu meinen grofsen Kräuterblättern bedurfte ich streng beendigter und ganz in das Einzele eingehender Vorbilder.

Diese Kräuterblätter sind gesamt aus einem Blatte Potters entstanden, das zu seinen früheren Versuchen zu gehören scheint und jedem Liebhaber und Freunde der Kunst bekant ist. Es enthält zwei Kühe im Vorgrunde, eine stehende und eine liegende. Im Mittelgrunde ein Hügel, von welchem ein Hirt noch anderes Rindvieh heruntertreibt. Rechts im Winkel ein herlich ausgeführter Klettenbusch, vol Leben und

---

*) Da ich selbst den Vertrieb meiner Arbeiten nicht besorgen kan, so habe ich meine Platten (wenigstens den bei weitem gröfseren Teil derselben) dem Buchhändler Reimer verkauft, bei dem in Berlin und Leipzig die Abdrükke zu haben sind. Noch kürzlich ist eine Lieferung von 18 Blättern erschienen.

Wahrheit. Diesen Busch hat der trefliche Meister offenbar nach der Natur gezeichnet; und er hat Recht gehabt. Meine daraus hervorgegangenen Kräutergruppen habe ich im Ganzen wie in ihren Einzelheiten, meiner alteingerosteten Sitte gemäs, blos aus meinem Kopfe gezogen; und ich gestehe gern dafs ich Unrecht und sehr Unrecht gehabt. Ihre vielleicht nicht ganz reizlosen Formen mögen das Auge des Nichtkenners bestechen: den prüfenden Blik des Naturbeobachters können sie nicht aushalten.

Deutsche Sprache.

Wie in der Kunst, und vornehmlich im Fache der Landschaft, so habe ich auch im Felde der deutschen Sprache mir den Weg selbst bahnen müssen. Auf der Schule, die mir meine Bildung gab, war von ihr gar nicht die Rede. Alles wurde hier französisch betrieben. Das Deutsche war verpönt; man ging ihm wie einem Unholde aus dem Wege. Erst kurz vor meinem Austreten aus derselben wandte sich ohne irgend eine bestimtere Anregung von aufsenher, gleichsam wie von selbst, mein Geist auf diesen Gegenstand. Unsere damals sich herlich entwikkelnde Litteratur began meine Aufmerksamkeit auf sich zu ziehn. Die Bahnbrecher Klopstok, Wieland, Lessing, Ramler, Mendelssohn, Engel, Gesner, u. s. w. hatten eben ihre Mittagshöhe erstiegen; und die treflichen Männer Göthe, Herder, Bürger, Vofs, Hölty, die Stolberge, u. s. w. traten weteifernd neben ihnen auf. Natürlich muste die Begier, womit ich ihre Schriften las, meine Blikke auch auf das Werkzeug lenken, mit dem sie ihre Meisterwerke ins Leben gerufen. Ich fing an die mir fast gänzlich fremd gebliebene Muttersprache, welche ich bis dahin nur im Gemeinleben, als Mittel des Verkehrs mit Ungebildeten, sorglos und nachlässig roh gehandhabt, jezt schärfer ins Auge zu fassen und einer ernstlicheren Prüfung zu unterwerfen. Besonders reizte es mich sie in Ansehung ihres Baus, ihrer Formen, ihres inneren Lebens und Wirkens, mit der lateinischen und französischen immer wieder und wieder vergleichend zusammenzuhalten. Bald hatte sie die leztere fast gänzlich aus meinem Herzen verdrängt. In Stunden der Mufse übertrug ich Stellen aus dem Livius, Tacitus, Virgilius, Horatius; u. s. w. erst ins Französische, dan ins Deutsche, versuchte auch oft Deutsches in Französisches und umgekehrt Französisches in Deutsches umzusezen. Durch solche häufig wiederholten Übungen enthülte sich almälig meinen Augen die ungeheure Kluft, die die beiden lezteren Sprachen voneinander trent, so wie andrerseits das mancherlei Gemeinsame, welches die deutsche, als eine Ursprache, mit der lateinischen verschwistert. Eigentlich wissenschaftlich, auf schulgerechtem Wege, habe ich die Mutterrede nie erforscht. Ohne leitende Bücher, (selbst Adelungs Grammatik war es mir nie möglich ganz und vom Anfang bis zum Ende durchzugehn;) blos durch eigene Anschau und, wie so eben bemerkt worden, durch fleifsiges Zusammenhalten mit anderen Sprachen, sie mehr mit dem Gefühle als mit dem Verstande erfassend, gelangte ich endlich zu einer algemeinen Übersicht derselben und drang sonder grofse Mühe, auf leichtem, angenehmen Wege, in ihren Geist und in ihr Wesen ein. Daher ich mich des Lächelns nicht erwehren kan, wenn ich mich einen Grammatiker mus schelten hören. So wolfeiles Kaufs erwirbt sich Keiner einen Namen, der nur durch Schweis und Anstrengung errungen werden mag.

Inzwischen war in dem von uns Deutschen seit jeher angestaunten und vergötterten Frankreich die bestehende Ordnung der Dinge plözlich zusammengestürzt. Die uralte Monarchie war einer Republik, die Herschaft der Wilkühr scheinbar der Herschaft des Gesezes gewichen; und nun erlosch vollens der Funke von Gemeinsin und Vaterlandsliebe, der bis dahin unter uns, dem unselbständigsten und herzlosesten aller Völker, hie und da noch kümmerlich geglommen hatte. Dem Deutschen, der begeistert dem Nachbarstaate sich zuwandte, wurde die eigene Heimat und was nur mit dieser in Beziehung stand, jezt völlig gleichgültig, ja verhast. Unverholene Verachtung und der schnödeste Hohn traf fast ohne Ausnahme alles was deutsch hies; und so konte ganz natürlich auch die Sprache, das gemeinsame Eigentum der Nation und der Spiegel ihres Geistes und Sins, dem algemeinen Schiksale nicht entgehn. Es wurde Modeton unter unseren Gelehrten und Nichtgelehrten ihr, wo es nur galt, als einem misgeborenen Wechselbalge auf das verächtlichste zu begegnen und sie ihren Mitschwestern gegenüber, in Gespräch und Schriften, schamlos in den Staub hinabzudrükken. Ich gestehe dafs eine so unwürdige Art zu denken und zu handeln, eine so feige Selbsterniedrigung (denn in der Mutterrede zertrit der Höhner sein Volk, und in diesem zugleich sich selbst,) mich tief empörte. Die Sprache war mir lieb geworden; ich glaubte ihre Vorzüge zu kennen; und was man schäzt und wert hält, läst man nicht gern auf offener Schandbühne, im Angesicht der Menge, brandmarken. Schon damals trug ich mich mit dem Gedanken herum öffentlich aufzutreten zur Verteidigung der Gemishandelten und in einer ausgeführteren Schrift die Spötter und Verächter zum Schweigen zu bringen. Indes wäre dieser

Vorsaz wol nie in die Tat übergegangen, wenn ich nicht unerwartet von einer anderen Seite her einen aufregenden Anstos erhalten hätte, der jählings und zur Stelle meinen Entschlus znr Reife brachte.

Um diese Zeit lebte der rühmlichst bekante, jedem echten Deutschen unvergesliche Karl Villers in Hamburg, in welcher Stadt so eben unter Leitung eines Herren Baudu eine französische Zeitschrift: *le spectateur du nord*, in monatlichen Heften zu erscheinen angefangen hatte. Villers, der damals unsere Sprache erst angekostet, und nur unvolkommen in das Verständnis derselben eingedrungen war, lies in dieser Zeitschrift einen Aufsaz abdrukken, in welchem er eine flüchtige Vergleichung derselben mit seiner Muttersprache anstelte. So geistreiche Blikke er schon zu dieser Zeit in ein Element warf, das ihm noch fast völlig fremd war, es konte doch nicht fehlen dafs manche schiefe Behauptung, manches falsche Urteil seiner Feder entschlüpfte. Zwei Äufserungen des sonst treflichen Mannes schienen mir vornehmlich einer öffentlichen Zurechtweisung zu bedürfen: einmal dafs im Ganzen im Punkt des Wortreichtums beide Sprachen einander des Gleichgewicht wol halten möchten; und dan dafs es schlechterdings unmöglich sei streng und genügend darzutun dafs die eine die andere an Zahl und Menge der Zeichen übertreffe.

Villers Abhandlung erregte Aufsehn; und bei der algemeinen Lauheit des Deutschen gegen sein Eigentum stand zu befürchten dafs sie, vielleicht der Absicht des Verfassers ganz zuwider, auf unsere schon in so Manchem irregeleitete Jugend einen nachteiligen Eindruk machen möchte. Ich grif demnach rasch zur Feder um das Grundlose dieser und anderer Behauptungen, so weit ich es vermochte, in das helste Licht zu stellen; und so entstand in Zwischenstunden, die meine Berufsgeschäfte mir frei gaben, die Schrift über den Wortreichtum der deutschen und französischen Sprache, und beider Anlage zur Poesie, welche erst in zwei mäſsigen Bänden, (1806,) und dan sehr überarbeitet und in drei stärkere verteilt, (1818—20,) ans Licht trat. Ich muste mir hier selbst Bahn brechen; denn mir war nur wenig vorgearbeitet. Jenischens Vergleichung mehrerer europäischen Sprachen untereinander und mit der deutschen enthält bloſse Algemeinheiten, die mich auf meiner Bahn nicht fördern konten; und Trendelnburgs Zusammenstellung der Muttersprache mit den beiden alten war mir, als ich mein Werk angrif, kaum dem Titel nach bekant. Erst bei der zweiten Bearbeitung, in welcher ich auch das Latein in die Untersuchung mit gezogen, habe ich sie benuzen können und auch, wiewol nur selten, wirklich benuzt. — Diese meine Schrift nun wurde bei ihrem Erscheinen in mehreren gelehrten Zeitungen sehr günstig beurteilt und überhaupt mit ziemlich lebhaftem Beifal aufgenommen. Ob sie denselben den Zeitumständen oder innerem Verdienste zu verdanken gehabt, gebührt nicht mir zu entscheiden. Denke man indes über ihren wissenschaftlichen Wert wie und was man immer wolle: der vaterländische Sin, der sie eingab, hat, das weis ich, manches gleichgestimte Gemüt erfreulich berührt, manches laugewordene wieder erwärmt und gekräftigt. Auch das zwiefache Gute scheint sie bewirkt zu haben, daſs erstlich Viele unter uns nun deutlichere und bessere Begriffe von ihrer Muttersprache gewonnen; und dan daſs die uns schändende Unsitte diese Muttersprache bei jeder Gelegenheit ihren Schwestern gegenüber in den dunkelsten Schatten zu stellen, sich denn doch algemach verloren hat.

Wortmengerei.

Jezt komme ich auf einen Gegenstand, der bereits früh mein Gefühl empört und bei aller meiner Achtung für den Deutschen den Glauben an seine völlig gereifte Geistesbildung in mir oft wankend gemacht, auf die von den Zeiten des dreifsigjährigen Krieges her unter uns herschende Gewohnheit drei in ihrer Natur und Art gänzlich verschiedene Reden in Schriften und im Gespräch roh und wild und wilkührlich durcheinander zu mengen. Schon auf Schulen drängte sich mir diese barbarische Unsitte als solche, ich wil sagen als einen Schandflek unserer Nation auf. Da ich schon damals die drei Sprachen, die lateinische, französische und deutsche, in allen ihren Eigenheiten und Beschaffenheiten miteinander zu vergleichen oft und gern mich beschäftigte, so muste mir der ungeheure Abstand, der hier die beiden ersteren von der lezteren trent, bereits sehr früh ins Auge fallen. Bereits sehr früh legte ich mir die so natürliche Frage vor: woher komt es dafs die Römer, woher komt es dafs die Franzosen, die Italiäner, und überhaupt alle wirklich gebildete Völker Europas, wenn schon sie eben so gut als wir einsehen musten und noch müssen, welche überschwängliche Vorteile das ungebundene Sprachengemisch dem Sprechenden wie dem Schreibenden gewährt, dennoch demselben immer auf das geflissentlichste aus dem Wege gingen? und ein flüchtiges Nachdenken über das Wesen und die Natur der Sprache lies mich auf diese Frage auch sehr bald die Antwort finden. Schon auf Schulen wurde mir hel dafs durch das ungeordnete Gemeng unsere Mutterrede in ihrer Einheit, also im Herzen ihres Seins, in dem was sie eben zu einem geregelten Sprachkörper, zu einem in allen seinen Teilen mit sich selbst übereinstimmenden Ganzen erhebt, nicht etwa blos angegriffen, sondern gänzlich zerstört und vernichtet werde. Ich konte nicht begreifen wie ein sonst verständiges und in Vielem fein und richtig fühlendes Volk, das auf der Bahn des Schönen bereits bedeutend vorgeschritten war, ein Volk, das mit dem Erlernen anderer Sprachen sich mehr als irgend ein anderes zu schaffen machte, und folglich auch mehr als irgend ein anderes von dem was eine Sprache ihrem Wesen und ihrer Natur nach sein und nicht sein solle, reine, lichte Vorstellungen haben zu müssen schien, dennoch kein Bedenken trug die eigene Rede, sein bestes, köstlichstes Eigentum, zu einem doppelleibigen Scheusal herabzuwürdigen und sie so dem verrufenen Lateine des Mittelalters völlig zur Seite zu stellen; nicht begreifen wie dies Volk gegen die grellen, schneidenden Abklänge und Ungleichheiten und Ausweichungen, die für den äußeren und den inneren Sin durch das rohe Gemeng dem mündlichen wie dem schriftlichen Vortrage in Unzahl und massenweise eingedrängt wurden, bis zur gänzlichen Gefühllosigkeit sich abhärten und betäuben konte. *) Schon auf Schulen leuchtete mir

*) Wären durch langen Schlender unsere Sinne nicht gebunden, die französischlateinischen Wideiartigkeiten in unseren Büchern müsten uns eben so empörend und abscheulich dünken, als in diesem Augenblik deutschenglische dem Franzosen oder Italiäner dünken würden, wenn es einem Barbaren unter ihnen einfiele mit solchen ihre Sprachen volzustopfen. — Die sanfte, rein und klar fließende Italiänerin in allen ihren Teilen und Gliedern mit roh deutschen oder englischen Wörtern verbrämt und durchflochten! Vor dem häslichen Anblik würden denn doch nicht etwa nur die bescheidensten, sondern selbst die zügellosesten, entschlossensten und

deutlich ein, dafs eine wolgeordnete, eigenen Gesezen der Form, des Klangs und der Betonung untergebene Sprache, wenn sie der Ausartung und dem Verderben sich nicht unausbleiblich preisgeben wolle, bei der Aufnahme fremder, mit diesen Gesezen in schrofem Widerspruch begriffener Wörter nicht blinder Wilkühr fröhnen, sondern festen und unwandelbaren Regeln sich bequemen müsse; dafs sie nach dem Vorgange der lateinischen, spanischen, italiänischen, französischen, kurz aller vortretenden Sprachen der gesitteten Welt, nur wissenschaftliche, höchstens besondere und sinliche Begriffe, aber nie algemeine vom Auslande zu entlehnen die Befugnis haben dürfe. Und in die unsere wurde wild und ohne Ordnung, ohne auch nur eine Spur von Regel, alles eingeschlept, was nur Sin und Bedeutung hatte! alles was dem Schreibenden und Sprechenden nur tauglich und zu seinen augenbliklichen Zwekken dienlich und passend schien! Gleichsam als ob in den Wörtern der Inhalt alles, Form und Ausdruk blos Nebensache, ja unter allen nichtswerten, unbedeutenden Nebensachen die nichtswerteste, unbedeutendste eben wäre!

Man denke sich einen Künstler, der eben beschäftigt seiner Geige eine Saite aufzuspannen, nur auf Höhe oder Tiefe im Tone derselben achtete, unbekümmert übrigens, ob der erste, blinde Grif ihm eine Darmsaite oder eine metallene in die Hände gegeben hätte! —

Wie freute es mich daher als ich sah dafs doch wenigstens Einigen unter uns vor der handgreiflichen, ungeheuren Barbarei zu ekeln schien! dafs zwei unserer Gediegensten, Männer wie Klopstok und

---

handfestesten unserer Wortmischer mit Entsezen zurükfahren.

Voſs, von dem algemein betretenen Heerwege ablenkend, sich völlig an die Römer schlossen, und hinsichtlich auf die Zulassung des Fremden ihren Vortrag ganz in dem Sinne derselben gestalteten! *) Ich hofte ihr Beispiel würde auch Andere, gleiches Gewichts und gleicher Kraft, zur Nachfolge reizen, und so in unserem Schriftwesen almälig eine woltätige, höchst wünschenswürdige Umkehr der Dinge zu Gunsten unserer ganz und durchaus verwahrloseten Prosa bewirken. **) Mitnichten. Wo das Gefühl des Guten

---

*) Man hat Mühe zu begreifen warum unseren Gelehrten und Ästhetikern, die uns überal und in allen Stükken die Alten als die nachahmungswürdigsten Muster des Schönen und Edlen vor und entgegen halten, nie eingefallen ist auch im Punkt des Gebrauchs widerartiger Wörter der Fremde uns auf das Beispiel und die Sitte, wenn nicht der Griechen, doch der Römer, zu verweisen, — der Römer, sage ich, die zu den Griechen völlig in demselben Verhältnisse standen, in dem wir zu den Franzosen stehn. Denn daſs das Sprachengemeng seiner Natur nach und weil es den Körper der Sprache in zwei ganz ungleichartige Hälften zerlegt, auf Schönheit und Nichtschönheit des Vortrags von dem entschiedensten Einflusse sein müsse, konte ihnen doch wol nicht leicht entgehn.

**) Neuerdings haben sich Manso (Geschichte des preuſsischen Staats; Geschichte des ostgothischen Reiches;) und Raumer (Geschichte der Hohenstaufen; Geschichte der Unruhen in Spanien zur Zeit Kaisers Karl V; S. *litt. Convers.* blat;) diesen Treflichen angeschlossen. Auch A. W. Schlegel scheint in seinen neuesten Arbeiten (z. B. seinen Aufsäzen und Abhandlungen in der indischen Bibliothek;) der Sitte aller wirklich ästhetisch gebildeten Völker sich fügen zu wollen. Wo solche Männer vorangehn, da wird ja hoffentlich wol früher oder später auch der gröſsere Haufen folgen. —

und Schiklichen sich einmal verloren hat, da vermag selbst das vorgehaltene Bessere es nicht wieder hervorzurufen. Leider blieb alles unverändert bei dem Alten. Ja, das Unwesen wuchs, und grif von Tage zu Tage immer frecher und gewaltsamer um sich. Denn nun fing die nachbarliche Staatsumwälzung an ihre verhängnisvolle Rolle zu spielen. Sie ris Tausende, selbst von unseren Besseren Tausende in ihrem Strudel mit sich fort, löste sie ab von ihrem Vaterlande und warf sie den Franzosen in die Arme. Natürlich konte die Erschütterung, die durch Sin und Geist der Nation ging, auf Sprache und Schriftentum derselben nicht ohne Wirkung bleiben. Neue Schwärme französischer Wörter flogen über den Rhein, fliktcn sich massenweise unserm geselschaftlichen Geplauder ein und überschwemten verunstaltend unsere Bücher. Die bald darauf erfolgte unmittelbare Berührung mit dem Nachbarvolke vollendete was Leichtsin und Ungeschmak und Herzlosigkeit begonnen; ja sie drohte zulezt der Sprache selbst ans Leben zu gehn und ihr das Schiksal zu bereiten, das unter Wilhelm dem Eroberer die angelsächsische einst traf.

In einer Zeitschrift, mich dünkt den heidelberger Jahrbüchern, traf ich vor Kurzem auf eine Stelle, wo von Stokkolbianern die Rede war. Sonderbar! Mus denn, wer sich zu der guten Sitte und dem vernünftigen Brauche der Römer, Italiäner, Spanier, Franzosen, kurz der ersten und geistvolsten Nationen Europas bekent, eben notwendig ein aner sein? Wäre es nicht zwekmäſsiger gewesen wenn der Kunstrichter, stat mit abschäzigen Namen sich freigebig zu erweisen, mich, den vorgeblichen Sektenstifter, so wie die Völker, von denen ich gelernt, mit Gründen zu bekämpfen unternommen hätte?

Schon früher hatte Campe in seiner bekanten Preisschrift dem Unfuge sich manhaft, wiewol vergeblich, entgegenzusezen versucht. Leider waren die Gründe, womit er ihn bekämpfte, nicht aus dem, was doch am nächsten zu liegen schien, aus dem Wesen und der Natur der Sprache selbst genommen, sondern von Aufsendingen hergeleitet, die genau betrachtet mit ihr nur wenig gemein haben. *) Sein Haupteinwand gegen das Gemeng war dafs durch dasselbe das niedere Volk, also die Masse der Nation, in seiner Geistesbildung gestört und aufgehalten werde. Als ob die oberen Klassen unter uns, die Hegerinnen und Pflegerinnen des Sprachmischmaschs, sie, denen das Vaterland wenig oder nichts galt, um die Bildung der unteren Klassen in eben diesem misgeschäzten Vaterlande sich hätten bekümmern mögen!

---

*) Es ist nur zu offenbar dafs, so viel über das Unwesen der Wortmengerei seit etwa vierzig Jahren, seis für, seis wider, geschrieben worden ist, man die Sache von der Seite, von welcher sie in meinen Schriften genommen wird, von welcher jedes ästhetisch gebildete Volk sie zunächst genommen haben würde, unter uns mit keinem Blik noch angesehen hat. Selbst unsern ersten Meistern ist es nie eingefallen dafs die Sprache als ein Ganzes, als eine Einheit zu betrachten sei. Wie liefse sich sonst ihr vornehmes Bespötteln der Sprachreinigkeit auf eine vernünftige Weise wol erklären? — Um die Sprache, als eine in sich beschlossene Selbständigkeit, als ein durch Geseze geordnetes Kunstwerk, haben sie sich nie bekümmert; nur um das Aussprechen alles dessen, was sie lateinisch oder französisch oder auch griechisch in ihr Gedächtnis aufgenommen, ist es ihnen zu tun gewesen. Bereicherung des Ausdruks war ihr einziges Augenmerk. Auf welchem Wege diese Bereicherung geschah, schien ihnen sehr gleichgültig.

Auch den Männern, die späterhin gemeinschaftlich mit ihm die bekanten Beiträge herausgaben, fiel bei ihrem Anringen gegen das Unwesen nicht ein die Sprache von der Seite der Einheit zu fassen. Sie eiferten heftig gegen die Ausländerei, und nirgends gaben sie einen Grund an warum in unserer selbständigen Rede die Ausländerei schlecht und verwerflich und durchaus nicht zu dulden sei. So geschah, was fast notwendig geschehen muste: ihre Bemühungen blieben fruchtlos, ihre Stimme eine Stimme in der Wüste; Spot und bemitleidendes Achselzukken wurden ihr Lohn.

Schon damals wäre ich gern öffentlich aufgetreten um das von Campen und seinen Streitgenossen Versäumte nachzuholen. Aber ich war ein Namenloser; und die erbitterte Wut, mit der man über diese Männer und ihre Bestrebungen von allen Seiten herfiel, — eine Wut, die ganz der Wut eines Geisteskranken glich, der seinem Arzte zum Dank für die ihm gereichten Heilmittel mit gebalter Faust ins Auge schlägt, — war nicht eben geeignet mir Mut und Vertrauen einzuflößen. Ich schwieg, — bis zur öffentlichen Erscheinung meiner Schrift über den Wortreichtum; etc. in welcher ich auch über Sprachmengerei und die durch das Unwesen gänzlich zerstörte Spracheinheit einige nicht undeutliche Winke hatte fallen lassen. Diese Schrift erfreute sich, weil etwa der Moment ihr günstig war, einer ausgezeichnet guten Aufnahme; und nun glaubte ich wäre der Zeitpunkt da, wo ich mit einiger Zuversicht hervortreten und über einen Gegenstand, der mir sehr am Herzen lag, mich ohne Rükhalt würde ausschütten können. So erschienen denn der Reihe nach erst meine Abhandlung über Wortmengerei, (1809;) die ich einige Jahre nachher, (1812;) fast um die zwei Drittel vermehrt, aufs neue wieder herausgab; dan meine abgerissenen Bemerkungen über Sprache; die kleine Schrift: Noch Ein Wort über Spracheinheit; meine Beleuchtung einiger öffentlich ausgesprochenen Urteile über und gegen Sprachreinheit; und zulezt (1823;) die dritte Ausgabe meiner Wortmengerei, in welcher ich meine Gründe, teils vermehrt, teils besser geordnet aufgeführt, auch alle überflüfsige Ranken sorgfältigst weggeschnitten habe.

Merkwürdig dafs, so nachdrüklich ich in allen diesen Schriften *) und Aufsäzen gesprochen; so kek und ohne Scheu ich selbst berühmten Männern mich gegenüber gestelt, dennoch ganz gegen meine Erwartung (denn wie konte ich auf mildere Behandlung rechnen, als die früher Campe sich hatte gefallen lassen müssen?) alles rings um mich her stil und stum geblieben ist; ja dafs man auch da wo die Gelegenheit sich von selbst zu bieten schien, sogar meinen Namen zu nennen immer recht geflissentlich vermieden hat. Sol ich es sagen? Geheime Scham hat die Zungen der Gegner gelähmt, und lebendige Überzeugung dafs ihre Sache eine schlechte sei; dafs meinen Gründen auch nicht einmal Scheinbares entgegengesezt werden könne. Wirklich sind diese Gründe so einleuchtend, sie stehen dem gesunden Verstande und dem gesunden Gefühle so nah, dafs jedes ernstlich gemeinte Gegenkämpfen schlechterdings unmög-

*) Ich nehme die erstere aus, (1809;) in der ich, aber erfolglos, den sanfteren, gemäfsigteren Ton versuchte. Diese Schrift machte nur geringen oder keinen Eindruk; und so glaubte ich zu besserer Erreichung meines Ziels: Aufrütlung des Deutschen aus seinem Todesschlafe, einen kräftigeren, eindringenderen anstimmen zu müssen.

lich scheint. Einige vorlauten Schreier, die sich mir dennoch fechtlustig in den Weg legten, aber unsicher und blind ins Blaue hinausschlugen, (die Herren Reinhardt, Schmid in Ulm, etc.) habe ich mit geringem Kraftaufwand und wie spielend zum Rükzug gezwungen. Passow ist der Einzige, der öffentlich, freilich mit Umgehung der Hauptsache, ein verständiges Wort gegen mich ausgesprochen. Ich habe ihm in meiner Schrift: Noch Ein Wort über Spracheinheit und in der neusten Ausgabe meiner Wortmengerei geantwortet, und so geantwortet, dafs ich fast erwarten darf, auch er werde nun, wie so mancher Andere, der anfangs gegen mich stand, mir freundschaftlich die Hand reichen und unbedenklich meiner Sache beitreten. — Jezt hat das ehemals so laute Gelärm gegen Sprachreinigkeit und Sprachreiniger beinah gänzlich aufgehört. Man scheint endlich einzusehn, dafs das grofse Gesez des Schönen, Einheit, für Sprache und Vortrag nicht minder als für jedes andere Kunstwerk gelten müsse; dafs bei dem Grade geistiger Bildung, den der Deutsche jezt erstiegen, beides für blofses Beiwerk, für unbedeutende Nebensache zu nehmen, denn doch nicht mehr an der Zeit sei; *) dafs wer jezt noch als

*) Sonderbar! Über bildende Künste und ihr Wesen und ihre Natur und das was sie veredeln oder entwürdigen kan, wie auch über die Erzeugnisse, so sie ans Licht fördern, schreien seit Winkelman und Lessing unsere Gelehrten mit und ohne Beruf sich die Kehlen fast heiser. Keine Zeitschrift beinah, in der man nicht auf bogenlanges Geschwäz, diesen Gegenstand betreffend, zu stofsen Gefahr liefe. Über die Sprache dagegen, die doch auch wol ein Kunstwerk, und eins der ersten ist, die menschlicher Geist ersonnen, sie, die ihnen billig höher stehen solte als die bildende Kunst und

Kämpfer für den Mischmasch auftrit, seinem Geschmak ein schlimmes Urteil spreche, ja in den Augen des echt Gebildeten sich selbst zum Barbaren herabseze. Nur in Flugschriften — hie und da — vornehmlich in solchen, die der französischen Leichtigkeit und dem französischen Wize, wie dem flüchtigen Rehe der unbehülflich watschelnde Bär, keuchend nachhinken, vernimt man noch ein klägliches Gewimmer über das öde Getreibe der Sprachverbesserer und den stets mehr sich ausbreitenden „*Purismus*", der, wie sie sagen, den Inhalt der Form, dem Buchstaben den Geist aufopfert und „jede *liberal*ere Ansicht immer mehr und mehr *bornirt*." Doch hüten die Wimmernden sich wol in die Sache tiefer einzudringen, oder auf Bestreitung meiner Säze sich ernstlich einzulassen. Unangefochten und unwiderlegt sind bis auf den heutigen Tag diese Säze geblieben; und da nun auch neuerdings selbst ein Göthe zur Beschönigung der Mischerei in seinen prosaischen Werken nichts anderes und tüchtigeres vorzubringen gewust, als den kahlen Machtspruch: „der geistreiche Mensch knetet seinen Wortstof ohne sich zu bekümmern aus welchen Elementen er bestehe," so dürften sie auch forthin unangefochten und unwiderlegt wol bleiben. Mögen denn meine Blätter gegen Wortmengerei, die bereits sichtbarlich Eindruk gemacht, auch für die Zukunft sich wirksam erweisen und zur Heilung und Wiederherstellung unserer fürchterlich erkrankten Gesamtsprache so viel beitragen, als sie ihrem Geiste

---

was in deren Kreise liegt, vernimt man aus ihrem Munde auch nicht ein sterbendes Wort. Diese, das Werkzeug ihres geistigen Wirkens und Schaffens, lassen sie gleichgültig und unbekümmert in Wust und Moder vergehn.

und ihrem inneren Gehalte nach nur immer beizutragen vermögen!

Ich schliefse diesen Abschnit mit einer sehr einfachen Bemerkung. Es scheint auffallend dafs ich im Kampfe gegen die ungeordnete, die Sprache in ihrer Einheit und als Kunstwerk zerstörende Wortmengerei immer allein gestanden und bis auf diesen Augenblik allein noch stehe. Vielen leuchtet das Barbarische des handgreiflichen Unwesens auf das lebhafteste ein, und doch wagt Keiner öffentlich hervorzutreten und sich als Helfer mir beizugesellen. Selbst Aufmunterung, die mir doch so not gewesen wäre, ist mir von keiner Seite her geworden; und wie ich meine Sache (oder eigentlicher die Sache der Nation,) allein unternommen, so habe ich sie auch allein und ohne Beistand, ohne ermutigenden Zuruf, aus und durch fechten müssen. — Bei einem anderen Volke, einem Volke von leisem, regen Gefühl für Sprache und Vortrag, wäre das denn doch vielleicht anders gewesen.

Wolf. *)

— — — — — — —
— — — — — — —
— — — — — — —
— — — — — — —
— — — — — — —
— — — — — — —
— — — — — — —
— — — — — — —

*) Die hier eintretende Lükke verzeihe der geneigte Leser. Es komt vielleicht eine gelegenere Zeit sie auszufüllen.

Weniger Glük *) machten bei ihm meine Bestrebungen die Sprache von dem alten Roste der Wortmengerei zu reinigen. Von Jugend auf an das Unwesen gewöhnt, hatte sein Gefühl gegen das Schlechte, Barbarische, Gekkenhaftpedantische desselben sich völlig abgehärtet, und wie an so vielen unserer Besseren, ging es auch an ihm unempfunden und unbemerkt vorüber. So lies die Sache ihn kalt, und er mochte, was ich über diesen Gegenstand schrieb, nicht einmal lesen, geschweige denn einer sorgfältigeren Prüfung unterwerfen. Späterhin misbilligte er sogar ganz laut gegen gemeinschaftliche Bekante mein, wie er vorgab, verderbliches Unternehmen (gleiches Sinnes hierin mit Passow, der mir Schuld gibt dafs ich „die Muttersprache gefährde, untergrabe, ja dem Tode entgegenführe!“ **)) und äufserte zu

*) Als meine Schrift über den Wortreichtum; etc.

**) Der Italiäner, um nur diesen hier anzuführen, würde denn doch wol laut auflachen, wenn man ihn bereden wolte, seine trefliche, melodische Sprache liefe Gefahr unausbleiblich auszuarten, ja gänzlich zu erlöschen, wenn er sich nicht entschlösse sie eiligst mit roh deutschen und englischen oder doch mit unumgebildeten lateinischen und französischen Algemeinbegriffen — ich sage Algemeinbegriffen — volzupropfen. Zu welchen seltsamen Aussprüchen Anhänglichkeit an das gewohnte Alte selbst verständige und sonst billig denkende Männer doch verleiten kan! Unsere Mutterrede hielt sich ja vor den Zeiten ihres verderblichen Verkehrs mit der Französin von widerartigen Fremdheiten völlig eben so rein, als noch bis auf diesen Augenblik die italiänische: und war sie denn damals etwa siech und hinfällig und marklos dem Tode sich zuschleppend? War sie nicht vielmehr frischer, gesunder, lebendiger und in jeder Hinsicht volkomner als sie gegenwärtig ist? Natürlich. Denn eben dieser Verkehr hat sie auch wiederholten Malen, es dürfte ihm vielleicht wol noch einst der Gedanke kommen als Gegner öffentlich gegen mich aufzutreten. — Als er seine Analekten herausgab, schrieb er mir, sein Plan schliefse auch die deutsche Sprache nicht aus; ich möchte ihn durch Beiträge in diesem Fache unterstüzen. Passow, fügte er hinzu, habe in den Musen meine Abhandlung übér Wortmengerei angegriffen; ob ich ihm nicht antworten wolle? Die Antwort würde sich ganz eignen einige Blätter in seiner Zeitschrift auszufüllen. (Sonderbar freilich dafs Er, der gegen Sprachreinigkeit so entschieden sich ausgesprochen, für sein Blätter von mir einen Aufsaz zu Gunsten der Sprachreinigkeit verlangte!) — Ich erwiederte, Passow habe das Wichtigste und Wesentlichste in meiner Abhandlung mit Stilschweigen übergangen und fast nur Nebendinge berührt; was er gegen diese bemerkt, hätte ich in meiner Schrift: Noch Ein Wort über Spracheinheit bereits beleuchtet und zurükgewiesen. Zugleich übersandte ich ihm diese kleine Schrift nebst einigen gegen den Prälaten Schmid in Ulm gerichteten Aufsäzen, die ich in der Folge der lezten Ausgabe meines Wortreichtums einverleibt. Beides, die Schrift sowol als die handschriftlichen Aufsäze, schikte er mir gleich mit der nächsten Post, und zwar, wie aus dem Inhalt des beigehenden Schreibens ganz offenbar hervorging, beides ungelesen oder doch nur stellenweise und auf das flüchtigste durchstöbert, zurük. Es liege nicht in dem Plane seiner Analekten, gab er vor, sich mit polemischen Aufsäzen zu befassen, — er, der mich zur

---

in anderen Punkten gelähmt und entnervt und niedergedrükt, und um ein Grofses ihrer alten Herlichkeit gebracht.

Bestreitung der passowschen Einwürfe behufs seiner Zeitschrift so eben erst aufgefodert hatte! Übrigens könne er meinen Gründen gegen das Sprachengemisch (die er gar nicht, oder doch höchst unvolständig nur, aus dem Munde Anderer, kante,) durchaus nicht Beifal geben. Bei dem engen Verkehr europäischer Völker mit und unter einander sei die Aufnahme und der Gebrauch fremder Wörter notwendig nicht nur, sondern wünschenswert und höchst ersprieslich. Auch halte er es für einen Vorzug unserer Muttersprache „dafs in ihr die verschiedenen Stilarten fast wie Sprachen nebeneinander stehn," *) das heist doch wol, dafs sie für jede Gattung der Schreibart als eine eigene, ganz neue, in sich beschlossene Sprache auftrit! **) — Bei dieser so völlig unverholenen Scheu des sonst treflichen Mannes sich in seinen einmal feststehenden Meinungen wankend machen zu lassen, hielt ich es für das Beste mit einer algemeinen, allen weiteren Erörterungen ausweichenden Antwort mich bescheidentlich zurükzuziehn. Auch spätere Einladungen zu tätlicher Teilnahme an seiner

---

*) Eines solchen Vorzugs (wenn Wolf bei diesen Worten sich überal etwas gedacht hat,) erfreute sich ja auch das Latein des Mittelalters und das verdorbene Angelsächsische zu den Zeiten Wilhelms des Eroberers. — Zwar, was allerdings befremden möchte, dieser beiden halbvermorschten Sprachleichname scheint er bei seinem Eifern gegen Sprachreinigkeit sich gar niemals erinnert zu haben.

**) Ich habe der Widerlegung dieser schalen Einwürfe, in welchen, wie in allen so gegen Sprachreinigkeit bis jezt gemacht worden, auf das Wesen der Sprache durchaus keine Rüksicht genommen ist, in meiner Beleuchtung, etc. (S. 60—69,) einige Blätter gewidmet.

Zeitschrift, die mir durch einen Dritten zukamen, wies ich auf eine gute Art von der Hand. So schieden wir gänzlich auseinander.

Ob er in der Folge, angeregt etwa durch diese und jene Erscheinung in unserer Litteratur, oder bestimt vielleicht durch näheres Zusammenhalten des lateinischen Schriftwesens mit dem deutschen im Punkt der Sprachenvermischung, (er schrieb mir, er gedenke selbst einmal den Regeln nachzuspüren, so die römischen Klassiker bei der Aufnahme griechischer Wörter befolgt, *)) auf meine Bestrebungen aufmerksamer geworden ist und meine Schriften gegen den Sprachmischmasch einer näheren Ansicht und Prüfung gewürdigt hat, kan ich freilich nicht wissen, da ich in den lezteren sieben Jahren seines Lebens weder persönlich noch brieflich je wieder mit ihm in Berührung gekommen bin. Wäre er seines Widerwillens Herr und Meister geworden; hätte er sich entschliefsen können meinen Arbeiten über Wortmengerei einige Augenblikke seiner Mufse zu schenken und sie unbefangen und von früher aufgenommenen Eindrükken ungestört, **) mit Aufmerksamkeit zu durchgehn, so läst sich, bei seinem feinen Sin für Sprache und alles was in ihren Kreis gehört, was sie schmükken

*) Eine solche Untersuchung hätte seiner lateinischen Schriftstellerschaft wol billig vorangehn, nicht hinterher erst vorgenommen werden sollen.

**) Wie etwa ein unvoreingenommener Franzose oder Italiäner tun würde, oder auch ein Deutscher vor den Zeiten unserer babylonischen Sprachenverwirrung getan hätte. Dem jezigen fehlt meist die zur Erkentnis des Wahren so nötige Geistesfreiheit und das ungetrübte Auge, das uns die Dinge sehn läst wie sie wirklich sind, nicht wie angeerbter Schlender sie verfärbt und entstelt unserm Blikke vorführt.

und veredeln oder schänden und entwürdigen kan, wol kaum zweifeln dafs er mir denn doch zulezt noch freundlich die Hand gereicht, meinen Gründen, wie ich sie zumal in der Beleuchtung und der dritten Ausgabe meiner Wortmengerei vorgetragen und zusammengestelt, seine Zustimmung nicht versagt, ja wol gar mich, den mit verjährtem Vorurteil in schwerem Kampf Begriffenen, durch aufmunternden Zuruf ermutigt und angespornt haben würde. Neues verächtlich und ohne Untersuchung zu verwerfen ziemte ihm um so weniger, da er selbst Neuerer war und oft und laut bittere Klage führte, dafs auch das gediegenste Neue (man denke nur an seine Forschungen über die Entstehungsart der homerischen Gedichte;) bei der verwöhnten Menge, die an dem ihr liebgewordenen Alten mit Leidenschaftlichkeit festhange, nur immer auf Gegenstreben und eigensinnigen, grund- und bodenlosen Widerspruch stofse.

Der Mensch, auch der reichbegabteste, bleibt immer nur Mensch. So beschwert sich auch sein Freund Göthe an mehreren Stellen seiner Farbenlehre in Ausdrükken, die man fast hart, ja empörend nennen möchte, über den starren Widerstand, den die jezt lebenden, in die newtonsche Lehre eingerosteten Fysiker seinen Untersuchungen im Punkt der Farbe und des Lichts noch immerfort entgegensezen, — und zeigt sich doch in einem anderen Fache als einen eben so zähen Anhänger des hergebrachten Alten, wie sie.

Drukberichtigungen und Zusäze

zu der

lezten Ausgabe meiner Schrift

über Wortmengerei, 1823.

Grammaticus debet esse custos linguae.
Seneca.

S. 4. Die Überschrift ist so zu stellen: Bau und Form der Wörter durch Ableitungsilben, Biegungsilben, Abwandlungsilben, Vorlinge und Endlinge. Wie die Endlinge bei den Römern etc. Zeile 7, lies: Zu den grammatischen Formen oder den Elementen und Teilen der Sprache, durch deren An- nnd Einfügung der Bau ihrer Wörter zunächst bestimt und begründet wird, gehören vor allem die Ableitungsilben, etc.

S. 40, Zeile 4, nach: Elemente: (S. 24, 25.) Zeile 9 von unten, nach: Glieder seiner Sprache: Auch könten sie auf seinen inneren Sin nicht den Eindruk französischer, sie müsten den Eindruk rein lateinischer auf denselben hervorbringen. Und wie etc. S. 54, Z. 15, stat: bis auf die Möglichkeit: auch die Möglichkeit sogar.

S. 60. Den Anfang des Abschnits XII bittet man so zu lesen:

XII.

Wesentliche Verschiedenheit in dem Ausdruk deutscher Wörter und fremder.

Doch nicht blos einen schlechteren, sondern auch einen in seiner Wesenheit ganz anderen Eindruk müssen im Deutschen lateinischfranzösiche Wörter auf das Gefühl hervorbringen, als deutsche: eine Wahrheit, die wol nur Der zu bestreiten sich einfallen lassen könte, der im Ernste den Saz aufstelte: deutsche Wörter seien in ihrer Natur und Art von lateinischen und französischen, der Charakter der deutschen Sprache vom Charakter der französischen und lateinischen durchaus nicht verschieden. (Vergl. S. 24, 25.) „Der gesamte Wortschaz einer Sprache, sagte ich in meinen abgerissenen Bemerkungen etc., weil er aus dem bestimten Geiste eines bestimten Volkes geflossen ist und Einem Geseze des Klangs, der Form und der Betonung gehorcht, hat noch einen algemeinen Ausdruk, von dem besonderen jedes einzelen Wortes verschieden, der durch das Ganze geht und in jedem Teile desselben sich kräftig wiederholt. Er ist es vorzüglich der den Charakter einer Sprache begründet. Fremde Wörter, als Schöpfungen eines anderen Volkes, wiederum von eigentümlichen Geistesanlagen, als Elemente, die ihrerseits eigenen Gesezen der Form, des Klangs und der Betonung sich fügen, können diesen Ausdruk natürlich nicht, sie müssen notwendig einen anderen haben.“ Wirken nun aber die lateinischfranzösischen Wörter anders auf das Gefühl als die heimischen, so folgt unwidersprechlich dafs sie den Vortrag, dem sie sich zumischen, für den inneren Sin in zwei schrof gesonderte Hälften zerschneiden und ihn somit zur Aufnahme des Schönen, dem Einheit seines Stofs hier unerlaslicher Beding ist, gänzlich untauglich machen müssen. Von diesem Standpunkte aus fasse nun der Unbefangene, dem langer Schlender den Blik nicht getrübt, unsere deutsche, buntdurchwirkte Prosa ins Auge! er frage sich, ob ein für den äufseren und für den inneren Sin so zerschnittenes, zerhaktes, auseinander fallendes Doppelding eine gebildete, kunstgerechte Prosa mit Recht zu heifsen verdiene!

Der Ausdruk (nicht etwa nur der besondere in den einzelen Wörtern, sondern und vorzüglich der algemeine in der Gesamtheit derselben,*)) ist das Höchste in der Sprache, sofern sie von der Seite des Schönen genommen wird. Selbst bei mangelhafter, schwankender Einheit in Klang, Form und Betonung ihrer Elemente mag eine Sprache, (z. B. die englische und auch die neupersische;) wenn sie nur in ihrem algemeinen Ausdrukke eins ist, ihre Rolle immer noch mit Ehren spielen. Aber eine Sprache, deren algemeinem Ausdrukke es an Einheit gebricht, das heist, deren Elemente in zwei Hälften sich scheiden, von denen jede für das Gefühl ihren besonderen Charakter, ihre eigentümliche Färbung hat, ist und bleibt eine barbarische, eines gebildeten Volkes ganz unwürdige Sprache, — auch dan wan sie (ein Fal, der freilich kaum denkbar ist;) in Klang, Form und Betonung dieser Elemente die strengste Einheit behaupten solte. — Sprache, sagte ich? Ein so für den geistigen Sin in zwei Teile zergehendes, zwischen zwei Reden unentschieden hin und her schwebendes Halbding eine Sprache zu nennen, hiefse fürwahr den ehrenvollen Namen Sprache entweihen. **)

---

*) Nur von dem lezteren, nämlich von dem algemeinen, der allen Wörtern der Sprache gleichmäfsig inwohnt, ist in der Folge durchaus die Rede.

**) Im algemeinen Anzeiger der Deutschen, 1821, erklärt in seiner Unschuld ein Gelehrter das Wort Kauderwelsch: „ein aus verschiedenen Sprachen zusammengewebtes Wortgewir, ein *Galimathias* von Worten, die Niemand versteht, eine Art Sprache, die eben ihrer vielen *Inconsequenzen* wegen keine Sprache ist.“ In seiner Unschuld, sage ich. Denn er läst sich nicht ahnen, dafs er in dieser Erklärung zugleich auch ein Beispiel des Erklärten aufstelt. So träumen wir! —

Die neupersische Sprache, bemerkte ich so eben, ist, wenn schon nicht durchaus und unbedingt für den äufseren, doch für den inneren Sin etc.

S. 65, Z. 11 von unten, stat: widerartigen, ungleichartigen. S. 83, Z. 1, nach *characterizare* lies noch: (S. 5.) S. 85, Z. 4 von unten, lies nach: Art: in einer deutschen Schrift. S. 86, Z. 19, lies: Lettern in einem deutschen Buche, stat: Lettern in Einem Buche. S. 87, Z. 4, stat: Wörter, Fremdwörter. Z. 17, nach: Sprache, ursprünglich französische. S. 117., Z. 1, lies: nur in einmal eingeführten Benennungen etc. S. 131, Z. 18. Note zu den Worten der Überschrift: Einwirkungen auf unsere Sprache. *)

*) Aus neueren Untersuchungen sol sich ergeben dafs der Deutsche schon vor diesem Zeitpunkte Wortmengerei mit Wut getrieben habe. Desto schlimmer! könte ich sagen. So waren die Deutschen schon längst vor dieser Zeit Barbaren!

S. 132. Am Schlusse der Note, nach den Worten: Arithmetik, Grammatik; etc. seze man hinzu:

Die Erklärung ist übrigens richtig und past auf unsere Sprache, als hätte der Verfasser sie dabei unmittelbar vor Augen gehabt. Denn die eingeschlepten Fremdheiten sind für die zwei Drittel der Nation wirklich ein unverständliches Abrakadabra. Unter *Inconsequenzen* kan er sich nichts anderes gedacht haben als den grammatischen Unzusammenhang der Sprachelemente. In einer Doppelsprache läuft für Den, der die Sprachen kent, aus welchen sie besteht, der Inhalt ununterbrochen fort; aber die Wörter, die ihn aussprechen, fallen grammatisch auseinander. Einige gehorchen den Gesezen einer Sprache, andere einer anderen. Und so ist Ordnung da für den Verstand, aber für Ohr und Gefühl nur wüste, chaotische Verworrenheit.

und halte dagegen das Wörterbuch unserer Handwerker, die, dem Naturgeseze folgsam, was sie brauchten aus der Muttersprache sich schöpften, nicht aus einer fremden. S. 138, Z. 2, nach: widerartiger: — ich sage widerartiger — S. 140, Z. 6, stat: mus, müste. S. 150. Die Note ist so zu lesen:

Eine andere Erklärungsart, die Jean Paul Richter in seiner Ästhetik versucht, habe ich in meiner Schrift: Abgerissene Bemerkungen über Sprache, S. 49, flgd. wie ich glaube, siegreich abgewiesen.

Fr. Schlegel (Lessings Geist aus seinen Schriften;) meint, die Poesie stoſse Fremdwörter zurük, die Prosa nicht, weil jene es mit dem Unbestimten, diese mit dem Bestimten zu tun habe. Man sehe die weitere Ausführung S. 9, flgd. im ersten Teile des genanten Werks. Nach dieser Ansicht wären allerdings- gelehrte oder wissenschaftliche Fremdwörter in der Prosa zuzulassen. Aber hat denn Lessing, den Schlegel durch diese Bemerkung rechtfertigen wil, blos gelehrte und wissenschaftliche, hat er nicht öfter noch, ja am häufigsten algemeine Begriffe des Auslands in seinen Vortrag gezogen? — Die Griechen und Römer, so wie unter den Neueren die Spanier, Italiäner, Franzosen hielten und halten, unbekümmert um jene feinen Unterscheidungen in Bestimtes und Unbestimtes, ihre Prosa, selbst die gesenktere, von abheimischen Widerartigkeiten nicht minder rein als ihre Poesie. Nur der Deutsche ergrübelt sich Gründe und Vorwände die seinige bei ihrem herkömlichen Rechte des Buntschekkigseins noch fernerhin zu schüzen und sie elend in den Staub, ihr altgewohntes Element, nach wie vor hinabzudrükken.

S. 162, Z. 12 von unten, lies stat: sie, ihrer. S. 166, Z. 13, stat: seinem Meiſsel, seinen Händen.

S. 204, Z. 6, stat: im Punkt, in unserer Ansicht. Z. 9, lies: Wir fassen und ergreifen die Sprache von zwei ganz verschiedenen Seiten. S. 206, lies nach der vierten Zeile mit einem Absaze:

S. 24. — Denn was wäre ohne Wörter und ihre Form wol die Sprache?

Das im cottaschen Verlage erscheinende Litteraturblat hat sich zum Gesez gemacht Sprachfehler und Verstöfse gegen die Grammatik in den angezeigten Schriften scharf und streng zu rügen. Ich tadle das nicht. Vielmehr gebe ich zu dafs zu wünschen, und sehr zu wünschen wäre, alle unsere kritischen Blätter folgten diesem Beispiele. Aber, möchte man denn doch fragen, was für ein Recht hat diese Zeitschrift gegen grammatische Sünden Anderer zu eifern, wenn sie fast in jedem Saze, in jeder Zeile, die sie uns hinstelt, grammatische Sünden selbst begeht? Oder gehören die Regeln, so den Bau und die Bildungsart der Wörter oder Sprachteile bestimmen, etwā nicht in die Grammatik? Brauchen die Geseze der Form, des Klangs und der Betonung, sie die eben zunächst den Charakter der Sprache begründen und Sprachen von Sprachen am kräftigsten scheiden, für den Schreibenden keine Geseze zu sein? Ich dächte sie müsten, eben weil aus ihnen die Natur und Art ihres Ganzen am unmittelbarsten hervorgeht, dem Schriftsteller fast noch höher stehn als andere grammatische Geseze, z. B. der Fügung oder der Wortordnung. Denn das Wort ist doch wol mehr als die Art wie es in seiner Reihe gestelt oder mit anderen geeint und verbunden wird? Das Wort ist das Erste; was in der Rede mit und an ihm vorgeht, offenbar nur das Zweite. Wer möchte wol die Schnur, welche die Perlen ordnend zusammenreiht und geschikt miteinander verknüpft, für bedeutender und wichtiger ausgeben als die Perlen selbst? Wenn eine fremde, gesezwidrige Wortfügung, eine fremde, gesezwidrige Wortstellung ein Fehler ist, so mus nach streng folgerichtigem Schlusse ein fremdes, gesezwidriges Wort es noch weit mehr sein.

Die Wörter sind nicht die Sprache, sagt Mancher zur Rechtfertigung des Mischmaschs, — im Scherze vielleicht; denn ernstlich gemeint wäre dieser Einwurf doch höchst lächerlich, eben so lächerlich als wenn man sagte: Nase und Ohren und der Hals, die Brust und der Bauch und die Schultern, die Arme und die Beine und die Hände und die Füſse sind nicht der Mensch. Besteht denn die Sprache nicht aus Wörtern, wie der menschliche Körper aus seinen Gliedmaſsen? Freilich sind die Teile nicht das Ganze, aber doch das Sinlichste, Hervortretendste, Wesentlichste in dem Ganzen, das ohne welches das Ganze ein Unding, ja gar nicht einmal denkbar wäre.

Sind nun aber die Wörter in der Sprache unleugbar die Hauptsache, so folgt auch ganz natürlich daſs durch das Austreten derselben aus dem Geseze des Ganzen die Sprache zunächst und am unmittelbarsten und weit mehr als durch die Verlezung anderer, wichtiger zwar, doch minder wichtiger Gebote der Grammatik verunstaltet und verdorben werden mus.

Die Männer, welche an der eben erwähnten Zeitschrift arbeiten, geben sich ja überal für eifrige Schüler und Anhänger Adelungs aus, dessen Entscheidungen in Sachen der Sprache sie fast unbedingt unterschreiben. Nun sagt aber dieser ganz bestimt und doch wol sehr vernünftig in seinem Lehrgebäude: „Die Freiheit fremde Wörter aufzunehmen solte nur da verstattet werden, wo fremde Gegenstände und notwendige Begriffe, welche im Deutschen keinen

Namen haben, mit Einem Worte ausgedrükt werden müssen. Dieser Fal wird aber seltener kommen als man glaubt. Die Gemächlichkeit nicht lange nach einem schiklichen Ausdruk herumsinnen zu müssen; das Bedürfnis eines seichten Kopfes einen dunklen und verworrenen Begrif unter dem Mantel eines fremden Wortes als einen neuen Gedanken aufzustellen; die vorgegebene Kürze und ein Nebenbegrif oder vorgegebener Nachdruk können nie eine hinlängliche Ursache dazu sein. Jede Sprache hat eine Menge Wörter und Begriffe, welche eine andere Sprache nicht anders als durch mehrere Wörter ausdrükken kan. Was würde aus den Sprachen werden, wenn jede das Recht zu haben glaubte um der blofsen Kürze willen von den anderen zu borgen? Der flüchtige, ungeduldige Franzose wiederholt tausendmal sein *se tenir debout*, *aller à cheval*, etc. ehe er um der Kürze willen dem Deutschen sein stehen oder reiten auch nur Einmal abborgen wird. Und der trägere Deutsche trägt kein Bedenken ihm sein *débutiren*, *frappiren*, sich *piquiren*, *Sujet* und tausend ähnliche Ausdrükke nachzusprechen, blos um ein paar Silben zu ersparen?“

Dafs wir die Sprache durch die ungeordnete Mischerei verderben, können wir uns nun wol selbst nicht länger mehr verhehlen. Schon die flüchtigste Vergleichung unserer Schreibereien mit dem aus dem Mittelalter auf uns gekommenen Gesudel lehrt uns dafs sie dem barbarischen Lateine jezt schon völlig zur Seite steht, ja unter der Feder vieler unserer Schriftsteller ihm wirklich bereits entschieden vorangeht. Jedes andere Volk würde in gleichem Falle und sobald es zu ähnlicher Erkentnis gelangt wäre, das unselige Spielzeug eiligst aus den Händen werfen. Anders der Deutsche. Dieser hält es, weil es sich einmal in seine Faust hineingewöhnt hat, nach wie vor, eigensinnig und star, mit fiberhaft zusammengekrampften Fingern fest.

S. 39. — Hier, in dem Worte klar und dessen Ableitungen ist das Fremde wirklich in Einheimisches verwandelt.

Campe und seine Mitarbeiter quälen sich in ihren bekanten Beiträgen Wörter wie Kirche, Mönch, Kloster, Pfingsten, Tafel, Tempel, Engel, Bibel; etc. (also auch wol Fenster, Pflaster, Fiber, Kaiser, Kerker, Butter, Käse, Pflanze, Wein, Büchse, Kirsche, etc. oder gar Auge, Ohr, Nase, Lippe, Fus, Knie, Samen, Namen, eins, zwei, drei etc.?) zu verdeutschen, und bedenken nicht dafs, wenn sie solche Wörter aus der Sprache herausschaffen wollen, weil sie ursprünglich nicht deutsch waren, sie fast ein ganzes Fünftel ihres Wortschazes aus derselben hinauswerfen müsten. Nach einer so höchst beschränkten Ansicht und aus gleichem Grunde hätte man auch den Römern ansinnen können alle ursprünglich griechische Wörter, die in ihren ersten Anfängen ihre Sprache in sich aufnahm und in Klang, Form und Betonung mit dem Ganzen almälig zur Einheit verschmelzte: *ovum*, *vinum*, *vis*, *viola*, *violens*, *vomere*, *comissari*, etc. ohne weiteres aus derselben wieder hinauszustofsen. Zu welchem elenden Zwerg- und Krüppeldinge wäre da diese Sprache zusammengeschrumpft, sie die bekantlich zur vollen Hälfte wenigstens aus der griechischen erwuchs! — Die Grammatik geht weder die Bedeutung und der logische Inhalt der Wörter, noch der Umstand ob sie von dort oder daher in die Sprache gedrungen, auf irgend eine Weise etwas an. Sie bekümmert sich blos um ihre Form. Wenn diese ihren Gesezen zusagt, und der Gebrauch ihnen reinen, mit dem Ganzen übereinstimmenden Ausdruk gegeben, so gelten sie ihr für echt und tadellos und gut. —

Ein Kritiker in der neuen leipziger Bibliothek der schönen Wissenschaften findet in den während der Umwälzung aufgekommenen neuen französischen Wörtern einen Beweis daſs die Sprache, wie einst die lateinische im Mittelalter, einer völligen Umgestaltung entgegengehe. „Schwerlich,“ sagt er, „hat die Vernunft die Umwandlung des Lateinischen in die aus ihr entsprungenen Sprachen bewirkt. Denn die Geschichte lehrt daſs sie durch die Vermischung der Barbaren mit dem lateinisch sprechenden Pöbel volbracht ward. Veränderungen einer Sprache, sagt Engel, wodurch zugleich ihr ganzes *Génie* verändert, ihr ganzer innerer Bau zerrüttet wird, lassen sich überhaupt weit weniger während des Fortgangs der *Cultur*, als während eines gänzlichen Rükgangs derselben denken. Die Umänderung der französischen Sprache, die unter unseren Augen vorgeht, (Worin mag wol diese Umänderung bestehn? wo sind sie denn, die Barbaren, durch deren Vermischung mit den Franzosen die Sprache der lezteren in ihrer Natur umgewandelt und in ihrem inneren Bau zerrüttet werden könte?) Rabaut de St. Etiennes Behauptung: *il faut changer les mots*, und die neuen *Verben*: *démocratiser*, *démoraliser*, *lanterner*, *volcaniser*, *septembriser*, *guillotiner*, *décatholiser*, *désocialiser*, *désorganiser*, *férociser*, *sansculottiser*, *panthéoniser*, etc. die neuen *Substantive*: *terrorisme*, *lize - natèon*, *démonétisation*, *baignade*, *noyade*, *fusillade*, *robepierriste*, *ultrarévolutionnaire*, *girondiste*, *chouan*; etc. (Wie gering und unbedeutend doch die Zahl solcher während der Umwälzung in Umlauf gekommenen neuen Wörter, wenn man sie mit den unübersehlichen Schwärmen gesezwidriger, also doch wol sprachzerrüttender Ungleichheiten zusammenhält, die wir aus anderen Reden in die unsrige herübergeschlept haben und täglich noch herüberschleppen! Sie möchten sich zu diesen wie etwa eins zu hundert verhalten. Und doch — merkte denn der Verfasser nicht dafs, was er von der französischen Sprache und dem durch die neuaufgebrachten Wörter bedrohten Heile derselben hier behauptet, von der unsrigen nicht etwa nur dreifach oder vierfach, sondern mehr als hundertfach gelten müste? Warlich der Deutsche, der noch Scham hat, solte sich doch hüten anderen Völkern gegenüber von Sprachverderb zu sprechen!) — die neuen *Verben démocratiser*, *démoraliser*, etc. dürften sonach keine Spur von Fortschrit der *moral*ischen Weltverbesserung verraten, sondern vielmehr eine Verkehrtheit des Verstandes und Verderbnis des Willens anzeigen, die, verbunden mit der immer mehr und mehr um sich greifenden Auflösung aller häuslichen und bürgerlichen Zucht und Ordnung, einen Rükfal in die Barbarei fürchten lassen."

Wie? diese völlig gesezlich gebildeten Wörter, (*ultrarévolutionnaire* etwa ausgenommen,) die in Klang, Form und Betonung den Regeln der französischen Grammatik sich unbedingt fügen, mithin weder die Art und Weise der Sprache verlezen, noch in ihren inneren Bau zerrüttend eingreifen, solten dennoch diese ihrer Verwilderung, und das Volk selbst, das sie spricht, der Barbarei entgegenführen? Unbegreiflich in der Tat! — Aber noch unbegreiflicher dafs der Deutsche, (denn auch Andere in Unzahl unter uns haben ähnliche Urteile gefält;) der diese völlig richtig geformten Wörter für unheilbringende und der französischen Sprache höchst verderbliche Elemente erklärt und ausgibt, sie dennoch in die seinige, deren Natur und Art mit der Weise der französischen im schroffsten Gegensaze steht, ganz roh und unverändert herüberzuschleppen kein Bedenken trägt: *democratisiren*, *demoralisiren*, *septembrisiren*, *guillottiniren*, *desorganisiren*, *sanscullottisiren*, *Terrorismus*, *Baignade*, *Noyade*, *Fusillade*, etc. Wörter, die während der Umwälzung und auch jezt noch immer unter uns eben so rasch lebendig waren und sind, als unter den Franzosen selbst! *) Wie? mögen diese Wörter denn nur die französische Sprache verderben, mit deren Strome sie doch ungezwungen fortgehn, und nicht auch die unsrige, mit deren Natur sie entschieden in Zwiespalt sind? Sie solten blos den Franzosen, dessen Rede sie im mindesten weder verlezen noch verfälschen, der Barbarei entgegenführen, und nicht auch den Deutschen, dessen Sprache sie wirklich verwirren und zerrütten und mit sich selbst in den schreiendsten Widerspruch sezen? Und angenommen auch, was doch nicht ist, sie gefährdeten im Ernst das Wol der Französin und wirkten geradezu auf ihren Untergang hin, wie? ist denn unsere Sprache eine öffentliche, Allen und Jedem preisgegebene Mist- und Schlampfüze, daſs sie als solche gezwungen und verpflichtet wäre auch die unsaubersten Auswürfe und die giftigsten Abflüsse anderer Reden zahm und geduldig in sich aufzunehmen? — Doch es wäre unnüz über das lokkere, gedankenlose Geschwäz nur Ein Wort noch hinzuzufügen. Aber leider findet der Leser hier wieder ei-

*) Sie drängen sich verunstaltend in unsere Geschichtswerke sogar! Man sehe nur Menzels übrigens verdienstvolle Geschichte unserer Zeit, wo diese Wörter und andere gleiches Gelichters fast auf jeder Seite vorkommen.

nen neuen Beweis, wie so gar wenig der Deutsche sich um seine Mutterrede kümmert; wie sein Auge zwar wol für die Sprachen anderer Völker, für das, was ihnen Heil oder Schaden bringt, offen und wakker, mitunter wol zu wakker, aber für die eigene völlig verschlossen und auf das unglaublichste mit Blindheit geschlagen ist.

Übrigens hat, wie es scheint, der Verfasser hier die Sache mit ihren Zeichen verwechselt. Ersäufungen, Niederschiefsungen in Masse, etc. sind freilich Schlechtigkeiten. Aber so wenig unsere Sprache durch die völlig regelrecht gebildeten Wörter ersäufen, Ersäufung, niederschiefsen, Niederschiefsung in ihrer Natur und Art verlezt und verdorben wird, eben so wenig wird es die französische durch die ganz richtig geformten *noyade*, *fusillade;* etc. Schlechtigkeiten müssen, wenn sie einmal da sind, alle Sprachen ausdrükken können. Jede wimmelt von Wörtern, die Verwerfliches, Schändliches, Verächtliches, Lasterhaftes, Abscheuliches und Schauderhaftes sogar aussprechen. Nicht durch den Inhalt ihrer Zeichen wird die Sprache als Sprache, ich meine in ihrem Bau und ihrer Natur und Art und in ihrem, als eines geregelten, wolgegliederten, mit sich selbst in Einklang stehenden Körpers, gesamten Sein und Wesen verdorben und verfälscht, blos und einzig durch die Form derselben, sofern diese nämlich mit der eigentümlichen Weise und den Grundgesezen und den äufseren und inneren Beschaffenheiten des Ganzen in Widerspruch steht.

Eben so schief als dieser Namenlose über die Erweiterung der französischen Sprache zur Zeit der Umwälzung, spricht auch Walch in seiner *Historia critica latinae linguae* über das Fortschreiten der römischen nach den Tagen des Augustus. „*Res ipsa*, *testatur,*" sagt er, „*quod post Augusti obitum latinus sermo remiserit de pristino vigore et elegantia. Quod si enim quis monimenta illius aetatis evolvat, videbit quod latinitatis saeculum, quod sub Tiberio coepit,* (welcher Stil! er könte bei einem Deutschschreibenden kaum schlotteriger sein;) *adjecerit nova vocabula, nova dicendi genera, novas notiones, cujusmodi sunt adversitas, adunare, aegritudo, (de corpore,) an an, confiscare, corporalis et incorporalis, crucifigere, decollare, favorabiliter, impatienter, nimietas, salvator, subjugare, versari circa rem, et alia, quorum specimen dedit Cellarius, Curae poster.*" Es möchte dem Manne schwer geworden sein durch Gründe der Vernunft zu beweisen daſs die angeführten analogisch richtig gebildeten, den Beschaffenheiten der Sprache völlig angemessenen Formen schlechter sind, als die zu den Zeiten des Augustus gäng und gäbe waren. Analogisch richtig gebildete Zeichen von gediegenem Inhalt, die der Gebrauch in einer noch lebenden Sprache in Umlauf bringt, sind (wenn wir nicht mit Worten spielen wollen,) zu jeder Zeit für echten, guten Gewin derselben zu nehmen. Sie sind wirkliches, mit gesezlichem Stempel ausgeprägtes Geld. Widerartige Fremdwörter sind nur Spielpfennige.

Daſs jezt, da die lateinische Sprache erstart ist, (sie solte überhaupt, eben weil sie erstart ist, jezt gar nicht mehr geschrieben werden;) neue Wortgebilde, selbst streng gesezlichen Geprägs, nicht wol zu dulden sind, kan man allenfals zugeben. Aber zu den Zeiten des Tiberius und seiner nächsten Nachfolger war sie noch rasch lebendig in dem Munde der Nation.

Rhunken, der, wie einst Ernesti, sklavisch dem ciceronischen Lateine nachschlich, urteilt in seinem Vorworte zu der holländischen Ausgabe des schellerschen Wörterbuches über diesen Gegenstand in eben dem Sinne, das heist, nicht minder einseitig als Walch.

Besonnener und der Vernunft gemäſser spricht Wolf in der Einleitung zu seiner *Oratio pro Marcello*: „*Vehementer errare videntur, qui hanc aetatem, quam vulgo argenteam vocamus, de ipsius (linguae) neglectu et depravatione accusant, quasi post Ciceronem Latini latinis vocabulis uti desiissent!* *) *Imo multa sunt argumenta, quibus demonstremus copiam et nitorem sermonis usque ad Antoninos crevisse, diligentius exculta lin-*

---

*) „Als hätten die Römer aufgehört sich römischer Zeichen zu bedienen!“ Das heist doch wol mit einem anderen Ausdruk, als hätten sie ihre Sprache mit Wörtern aus der Fremde volgestopft! Hier gesteht Wolf selbst ganz unumwunden ein, (was freilich weiterhin Borrichius noch bestimter ausspricht,) daſs durch regellose Einmischung abheimischer, mit den Gesezen des Ganzen im Streit begriffener Bezeichnungen eine Sprache verdorben und abgewürdigt werde. Und doch äuſserte er Unzufriedenheit mit meinem Aufstehn gegen die ungeordnete Mengerei in der unsrigen! Wie läst sich dieser seltsame Widerspruch erklären?

Ich spreche hier absichtlich von regelloser Einmischung des Fremden. Denn daſs die römische Sprache auch zur Zeit ihrer schönsten Blüte unter dem Augustus abheimische Wörter zulies, hatte Wolf wol selbst in dem Augenblikke, da er dieses hinschrieb, nicht vergessen. Aber damals, so mochte ihm dunkel vorschweben, fügte die Sprache sich zügelnden Gesezen, und sie blühte fort. Späterhin entband sie sich dieser Geseze, und die natürliche Folge war daſs sie ausartete und verdarb. Denn wo kein Gesez ist, da kan auch kein Maas und kein Ziel und keine Begränzung sein.

gua, aptioribus vocabulis et formis loquendi partim ex pristino usu revocatis, partim novis ad normam analogiae procusis, etiam subtiliore cura discretis significationibus;" — und mit ihm der Berichtiger des Cellarius, Andreas Borrichius, bei Gelegenheit der Wörter *corporalis* und *incorporalis*: „*Esse autem latinitatem inclinantem, unde monstraveris? Philosophis Seneca antiquioribus usitatas voces ex epistola 58 patet. Illi vocem finxerint, quod aureo saeculo saepissime factum esse ex antiquis notum est, quid inde? Non eo latinitatem asseveraveris inclinasse, quod ex latinis fontibus hauserint illi, unde linguam (conquerentibus Cicerone, Seneca, Fabio et aliis,) inopem optimo latinitatis aevo locupletaverint. Imo eo potius impedivisse dixeris, ne qua linguam peregrinitas infuscaret, quod omnino factum fuisset, si peregrinas exterarum gentium voces recepissent. Eo namque potissimum a primaeva et nativa elegantia compertum est latinam linguam (praesertim post Hadrianum,) magis et magis degeneravisse, ut tandem aliarum, quam latinae, referret indolem.*"

Wir sprechen so oft von Entartung der Sprachen und ihrem Untergange, und ahnen nicht dafs wir mit der unsrigen gerade den Weg einschlagen, der am sichersten zu diesem Ziele führt. So liefsen auch wol die Barbaren, die mit Wörtern wie *raubare, reffare, misprisere, misfacere, ethelingus, ethlagus, nastaid, rumbula, felonia, debatare, scachum, eschipare, sneida, stolizaz, treuga, verra, leccator*, etc. die römische Rede überschwemten, sich nicht einfallen dafs sie sie häslich enstelten nicht nur, sondern unheilbar in ihren Quellen vergifteten.

Die Wahrheit des S. 49 °, *) am Ende der Note ausgesprochenen Sazes, und dafs ohne zügelndes Gesez der Krebs der Wortmengerei unaufgehalten und unaufhaltsam immer weiter um sich fressen müsse, sehen in lichten Augenblikken auch die leidenschaftlichsten Verfechter des Unwesens unter uns wol ein. Nikolai sagt in seiner Beurteilung des campeschen Wörterbuches: (berlin. Mon. 1811;) „Es wäre doch höchst ungerecht Wörter wie General, Admiral, Klarinette, Hoboe, Fagot, Musik, Concert, Poesie, poetisch, Electricität, Philosophie, *Nuance*, *Luxus*, (beides hieher nicht gehörige Algemeinbegriffe;) Magnet, Prisma, Prosa, Artikel und eine Menge Kunst- und Wissenschaftsausdrükke zu vermengen und in Eine Klasse zu sezen mit den meist läppischen *subleviren*, *subjiciren*, *saisiren*, *Accuratesse*, *Corruption*, Philtrum, Index, (wiederum hieher nicht gehörig;) *irréprochabel*, *irrésistibel*; etc." — Gleichwol wimmeln die Bücher unserer besten Schriftsteller, eines Wieland, Herder, Göthe, Schiller, etc. ja Nikolais selbst, von Bezeichnungen wie *indispensabel*, *profund*, *abstrus*, *passionnirt*, *Opinion*, *indefinibel*, *plausibel*, *infallibel*, *disponibel*, *amusiren*, *amusant*, *amusabel*, *ennuyiren*, *ennuyant*, *pendent*, *perpetuirlich*, *diffus*, *Priorität*, ein feines *Manège*, *detestabel*, *Manuduction*, *persifliren*, *Persiflage*, *gourmand*, *manuteniren*, *Finesse*, *formidabel*, *salebros*, *continuirlich*, *simuliren*, *regaliren*, *Cordialität*, *excelliren*, *excellent*, *Evidenz*, *evident*, *piquiren*, *piquant*, *bonmoti-*

*) Wo neben den Seitenzahlen ein ° steht, sind sie in der gegenwärtigen Schrift; wo das Zeichen fehlt, in der neusten Ausgabe der Wortmengerei nachzuschlagen.

siren, Ostentation, polit, Progres, ordinair, minutiös, eminent, eminiren, emergiren, vindiciren, imprimiren, infantisiren, femininisiren, indulgent, Indulgenz, indigniren, Indignation, total, Totalität, Cortège, Ascendant, Conduite, Attentat, Integrität, Function, fungiren, Raison, paralysiren, Frivolität, frivol, charmant, charmiren, splendid, retardiren, Retardation, solid, Solidität, affichiren, contempliren, Passion, Pietät, briguiren, admirabel, intim, sublim, extravagant, Extravaganz, Conversation, conversiren, Combination, combiniren, Resultat, resultiren, vigilant, lasciv, Attention, apprehensiv, Apprehension, confus, Confusion, Conflict, Attachement, approbiren, proponiren, Manifestation, manifestiren, Métier, resolut, frugal, Decorum, Infamie, Délicatesse, Vehiculum, Démenti, Affection, inclusive, Politur, Superiorität, Reminiscenz, diviniren, Inspiration, Confratres, Bonhommie, loyal, Loyalität, Parvenu, implicite, brusque, ebauchiren, soulagiren, apprêtiren, präsentiren, Prätension, obscön, Obscönität, jaloux, Jalousie, Sobrietät, Plaisanterie, Expediens, mystificiren, Mystification, approfondiren, Sensualität, pompös, Etourderie, Sentiment, Rafinement, rafiniren, trist, Raisonnement, raisonniren, Simplicität, subaltern, charitabel, frappiren, frappant, imaginiren, contrair, extraordinair, inquiètiren, situiren, libertin, Libertinage, intransportabel, Sagacität, compendiös, chicanös, Ingenuität, subtil, radotiren; etc. die völlig von gleicher Art, mithin um kein Haar besser sind, als die von ihm getadelten, und eben so wenig wie diese mit Kunst und Wissenschaft in irgend einem Bezuge stehn. Sagt euch euer gesundes Gefühl daſs eine gebildete Sprache nur Kunst- und Wissenschaftsausdrükke, höchstens etwa noch besondere und sinliche, aus der Fremde zu entlehnen das Recht hat, warum überschwemt ihr denn eure Schriften mit Zeichen, die durchaus nicht in diese Klasse gehören? mit Zeichen, die, wenn ihnen das Tor einmal geöfnet wird, in immer erneuerten Schwärmen auf uns einstürzen müssen, — aus dem zwiefachen Grunde, weil erstlich aus ihnen der Kern der Sprache und der bei weitem gröfsere Teil ihres Worttums besteht und dan weil älgemeine oder unsinliche Begriffe ihrer Natur nach von Volk zu Volk und Sprache zu Sprache nicht anders als verschieden sein können? Eins mit sich selbst zu sein ist ja doch wol die erste Pflicht des vernünftigen Mannes!

Die eben angeführten Wörter sind gesamt, achtzehn oder zwanzig etwa abgerechnet, die Lessingen, Schillern, Herdern, Nikolain zugehören, aus Göthes und Wielands Schriften genommen. — Ob ich wol Unrecht hatte S. 26° unsere Sprache eine fürchterlich erkrankte zu nennen? Denn wenn diese Männer kein Bedenken trugen so schonungslos, oder sol ich sagen so wegwerfend und verächtlich mit unserer Mutterrede umzugehn, welcher Behandlung hat sie da nicht erst unter der Feder des gefühl- und gedankenlosen, des Sins für Sprache und Vortrag ganz und durchaus entblösten Trosses sich zu gewärtigen?

S. 208, lies nach der dritten Zeile von unten:

S. 62, Zu den Worten: Denn dafs durch die Gewalt der Zeit und langwierigen Gebrauch etc. das in seinen Äufserlichkeiten Widerartige geadelt werden könne, beweisen sogar einige wenige Algemeinbegriffe: Natur, Majestät, Harmonie, Fantasie, triumfiren, Charakter, Element, Person, Moment: etc. die für den inneren

Sin mit echt deutschen Wörtern in Einer Reihe stehn.

Der Ausdruk, habe ich in meiner Abhandlung wiederholentlich gesagt, der algemeine vorzüglich, ist das Höchste in der Sprache, sofern sie von der ästhetischen Seite oder als Kunstwerk genommen wird. Er, der geistige Teil der Wörter, überstimt und verschattet den körperlichen Teil derselben. Wol ist Einheit in Form, Klang nnd Betonung Gesez in jeder natur- und kunstgemäs geordneten Rede; aber Einheit im Ausdruk ist das erste und höchste, vor dem, wenn beide feindlich aufeinander treffen, selbst jenes zurükweichen mus. So wie viele besondere und sinliche Begriffe des Auslands, (Balsam, Baldachin, Moly, Nepenthe, Ananas, Melone, Citrone, orakeln, drommeten, pyropisch, Göthe; zipressen, alabastern; etc.) wenn schon sie in ihren Äufserlichkeiten aus dem Ganzen sich heben, dennoch einer guten Färbung sich erfreuen, die sie ins Ganze wieder zurükführt, so auch einige wenige Algemeinbegriffe, welche, wie jene, in ihrem Ausdruk mit dem Strome gehn. Sogar in unserem einheimischen Vorrate gibt es ja Einzelheiten, die in Klang, Form und Betonung aus dem Ganzen mehr oder minder heraustreten: Ambos, Truchses, Arbeit, Ameise, Ballast, Kleinod, Kleinodien, Kumpan, Bräutigam, Nachtigal, Eidam, Oheim, Uhu, Orlog, Eidechs, Wrak; etc. und dennoch echt deutsche zum Ganzen harmonisch stimmende Farbe haben. Die englische Sprache kan in Hinsicht auf die eben bemerkten Beschaffenheiten nur kümmerlich auf Einheit Anspruch machen; aber in ihrem Ausdruk (dem algemeinen, meine ich,) ist sie eins; und dies weist ihr mit Recht eine Stelle unter den gebildeten Sprachen an. — Wer dies alles beachtet, wird sich des Vorwurfs enthalten, der mir wirklich von Einigen gemacht worden: ich sei mit mir selbst in Widerspruch, weil ich in meinen Schriften Algemeinbegriffe wie Element, Fantasie, Charakter, Harmonie, harmonisch, melodisch, Tumult, Barbar, entbarbarn, Barbarei, barbarisch, Ruin, Natur, Person, Nation, etc. aufzuführen kein Bedenken getragen. Diese Wörter sind eben so reiner, untadelhafter Färbung als die Wörter Balsam, Baldachin, etc. und die in der Form abweichenden echt deutschen: Truchses, Ameise, Uhu; etc.

Der sicherste Prüfstein aber hier das Echte von dem Unechten zu scheiden, ist die höhere Poesie. Was diese ohne Sträuben zuläst, das mus unbedenklich für gut, was sie zurükstöst, (mit wenigen Ausnahmen, die ein gesunder Sin leicht herausfühlen wird;) für schlecht und verwerflich gelten. Vergl. S. 194—198 der zweiten Ausgabe meiner Wortmengerei.

S. 211, lies nach der 6ten Zeile:

S. 117, Z. 4, von unten: *Propterea quod nihil clarius esset ἐναργεια, ut Graeci, perspicuitatem aut evidentiam nos, si placet, nominemus.*

Wenn der Franzose, um einen neuen Begrif auszudrükken, eines neuen Zeichens bedarf, so nimt er ein bereits vorhandenes, nah verwandten Inhalts, beugt es in der Bedeutung etwas ab und zwingt es auch diesen neuen Begrif mit auszusprechen. Auf solche Weise gelingt es ihm seine an und für sich arme Sprache zu bereichern und sie zu Bezeichnung alles dessen, was ihm not ist, bequem und geschikt zu machen. Nicht die Zeichen vermehrt und vervielfacht er; er erweitert sie nur in ihrem Gehalt. So hat er in den neusten Zeiten das schon bekante *légitime* mit seiner ganzen Sipschaft, in Sin und Bedeutung etwas abgewandt, auf einen Gegenstand übertragen, den es vorhin nicht ausdrükte; so die bereits bestehenden Wörter *clairvoyant*, *somnambule*, etc. in den Kreis des Mesmertums herübergezogen. *) Eben so machten es einst die Römer, wie die in dem Texte angeführten Stellen aus dem Cicero beweisen; eben so machen es jezt noch die Italiäner und die Spanier. Warum folgen wir ihrem Beispiele nicht? Warum sagen wir nicht stat *legitim*, *Legitimität*, *legitimiren*, gesezlich, Gesezlichkeit, gesezlichen? stat *clairvoyant*, *somnambule*, helsehend, schlafwandelnd, Schlafwandler? Warum schleppen wir die ungleichartigen französischen Ausdrükke ganz roh in unser Element, ohne auch nur den Versuch zu machen sie durch gleichartiges Heimisches zu ersezen und solchergestalt in den Strom des Ganzen zu bringen? Unsere Sprache ist ja vor anderen bildsam und geschmeidig; warum benuzen wir ihre Bildsamkeit nicht? warum lassen wir ihre Schäze im Kasten ungebraucht verrosten? Wenn die zage Französin sich unbedenklich Neuprägungen sogar gestattet, (*terrorisme*, *démonétisation*, *démoraliser*, *lèze-nation*, *régicide*, *liberticide*, etc.) warum bleibt unsere Rede hier so ganz zurük, sie, die an lebendiger Zeugungskraft und geschmeidiger Beweglichkeit so weit über ihr steht? — Ich höre den beliebten Einwurf: jene Wörter (Gesezlichkeit, helsehend, Schlafwandler, etc.) würde in diesem Sinne kein Deutscher

*) Dies tut er in der Regel. Nur während der Umwälzung, wo völlig neue Begriffe auf einmal und massenweise aufkamen, prägte er sich auch ganz neue, vorher noch nicht vorhandene Zeichen, — versteht sich mit strenger Berüksichtigung der Geseze seiner Grammatik: *terrorisme*, *noyade*, *fusillade*; etc.

verstehn. Kein Deutscher? Ist denn der Deutsche aus anderem Teige geknetet als der Franzose? Warum versteht denn der Franzose sein umgemünztes *légitime*, *clairvoyant*, *somnambule?*

Man spricht von Verwirrung der Sprache durch das Einführen neuer Wortprägungen. Verwirt kan die Sprache nur auf zwiefache Weise werden, logisch oder grammatisch. Logisch, oder in ihrem Inhalt, sofern man ihr unverstandene oder nur halbverstandene Zeichen eindrängt; grammatisch, oder in ihrer Form, sofern man sie mit Zeichen überfült, die mit ihrer Grammatik in Widerspruch stehn. Die erste Art der Verwirrung ist vorübergehend, weil der Verstand im Flus der Zeit die Bedeutung der Neuprägungen fassen lernt. Die zweite ist fortdauernd, weil, was widerartig und der Natur der Sprache entgegen ist, nie aufhören kan widerartig und der Natur der Sprache entgegen zu sein. Denn Umgestaltungen der Wörter wie zwei, (*duo*,) drei, (*tres*,) Lippe, (*labium*,) Ohr, (*auris*,) Mauer, (*murus*,) Maus, (*mus*,) Pflanze, (*planta*,) Leier, (*lyra*,) etc. mögen nur in roheren Zeiten stat finden, wo bei dem Menschen die unteren Seelenkräfte noch vorwiegen. Der Gebildete wird sich Bezeichnungen wie *Indolenz*, *revolutionniren*, *Function*, *Inadvertenz*, (*Lit.* Bl.) *Détail*, *Frivolität*, *Nuance*, *Pietät*, *Raisonnement*, *Aversion*, *Resultat*, *Consequenz*, *Generation*, *Respect*, *Affect;* etc. nie umbilden oder verdeutschen, das heist hier, unter das Gesez der deutschen Grammatik bringen lassen. —

Es gibt (man verzeihe mir die Unterbrechung,) einen zwiefachen Weg Fremdes zu verdeutschen. Entweder Übersezung, das heist, Einkleidung des ausländischen Begrifs in deutsche Zeichen: *noyade*, Ersäufung; *fusillade*, Niederschiefsung; *conséquence*,

Folgerichtigkeit; *superfluus*, überflüſsig; *incipere*, anfangen; *interrumpere*, unterbrechen; *entreprendre*, unternehmen; *osculum*, Mäulchen; etc. oder unmittelbare Verpflanzung des abheimischen Wortes in unseren Grund und Boden durch Verwandlung seiner Teile und seine Verschmelzung mit dem Ganzen in Klang, Form und Betonung: *praepositus*, Probst; *papa*, Pabst; *κυριακη*, Kirche; *pyxis*, Büchse; *πȣς*, Fus; *πυρ*, Feuer; *sceptrum*, Zepter; *speculum*, Spiegel; *macula*, Makel; *vas*, Fas; *leo*, Leu, Löwe; *vermis*, Wurm; *clarus*, klar; *curtus*, kurz; *longus*, lang; *rotundus*, rund; *vinum*, Wein; *templum*, Tempel; *oleum*, Öl; *turtur*, Turteltaube; *dama*, Damhirsch; *pardus*, Pardel; *myrtus*, Mirte; *ulmus*, Ulm; *ager*, Akker; *vadum*, Watte; *macer*, mager; *verus*, wahr; *vallum*, Wal; *pila*, Pfeiler; *nux*, Nus, *pulvis*, Pulver; *pulverizare*, (Mittellat.) zerpülvern; (*premo*,) *pressi*, pressen; *bucca*, Bakke; *nasus*, Nase; *catus*, Kaze; *buxus*, Buchs; *mulgere*, melken; *cymbalum*, Zimbel,*) *vespa*, Wespe; *struthio*, Straus; *dies festus*, Fest, Festlichkeit; *aes*, *aeris*, Erz; camera, Kammer; *gryphus*, Greif; *cinnamomum*, Zimmet; *ego*, ich; *tu*, du; *vicia*, Wikke; *vannus*, Wanne; *arca*, Arche; *unicornis*, Einhorn; *tripus*, Dreifus; *zingiberi*, Ingwer; *sapo*, (*savon*,) Seife; *ulula*, Eule; *ululare*,

---

*) In echt deutsch gewordenen Fremdwörtern die fremden Buchstaben beizubehalten und z. B. clar, Punct, rancig, Classe, classisch, Scepter, Cymbel, Myrte, Centner, Sylbe, Crone, Cörper, Ceder, Caiser, Cohl, Calk, Coch; etc. zu schreiben, ist offenbar fehlerhaft. Hier ist handgreiflicher Widerspruch der Form mit sich selbst. Es ist als ob das Deutsche sich schämte deutsch zu sein. — Der Franzose schreibt nicht *lanskenet*, *havresak*, *trinker*; etc. sondern der Weise seiner Sprache gemäs: *lansquenet*, *havresac*, *trinquer*; etc.

heulen; *satur*, sat; *satiare*, sättigen; *strangulatio*, Strang; *fructus*, Frucht; *saccus*, Sak; *rancidus*, ranzig; *porta*, Pforte; *portus*, Port; *θυρα*, Tür, Tor; *θηρ*, Tier; *super*, ὑπερ, über; *ab*, ab; *inter*, unter; *ob*, ob; *dis*, mis; *in*, in, ein; *signum*, Zeichen; *signare*, bezeichnen; *sigillum*, Siegel; *sigillare*, siegeln; *syllaba*, Silbe;*) *pulpitum*, Pult; *feriae*, Feier;

---

*) Das ausweichende *syllabiren* gehört nicht zu Silbe, sondern zu *syllaba*, wie *reguliren*, (regeln;) *maculiren*, (bemakeln;) *incarceriren*, (einkerkern;) *incorporiren*, (verkörpern;) *inflammiren*, (entflammen;) *dethronisiren*, (enttronen;) *arrondiren*, (ründen, abründen;) *summiren*, (summen;) *formiren*, (formen;) *Formation*, *formal*, *formel*, (förmlich;) *Formalität*, (Förmlichkeit;) *clarirt*, *clarificirt*, (geklärt;) *déclariren*, (erklären;) etc. nicht zu Regel, Makel, Kerker, Körper, Flamme, Tron, rund, Summe, Form, klar, etc. sondern zu *regula*, *macula*, *carcer*, *corpus*, *flamma*, *thronus*, *rond*, *summa*, *forma*, *clarus*, etc. gehören, oder wie *Finesse*, Wiel. nicht zu dem deutschen fein, sondern zu dem französischen *fin* gehört. — Hier sieht man schon ganz deutlich wie in neueren Zeiten dem Deutschen sein Gefühl für Form immer mehr und mehr ausgeht und abstirbt, da er nicht nur aufhört die bereits bestehenden regelrechten Analogien festzuhalten und zu verfolgen, sondern sogar neben den gesezlichen und richtig gebildeten Wörtern ganz ungesezliche von gleichem Inhalt aufstelt, und die lezteren häufiger und lieber noch gebraucht als die ersteren. Eben so ist es uns jezt völlig gleichgültig ob wir *Pédanterie* sagen, oder Pedanterei, *Tyrannie* oder Tirannei, *Partie* oder Partei, *personnel* oder persönlich, *Personalität* oder Persönlichkeit, *Jesuitismus* oder Jesuitentum, *Vandalismus* oder Vandalentum, *harmoniös* oder harmonisch, *melodiös* oder melodisch; etc. ob wir überhaupt ein regelwidriges Wort oder ein gleichbedeutendes regelrechtes in die Feder nehmen: *contrair* oder widrig, *Opinion* oder Meinung, *Re-*

calix, Kelch; *cedrus*, Zeder; *tulipa*, Tulpe; *carrus*, Karren; *gryllus*, Grille; *gustare*, kosten; *crusta*, Kruste; *ἀρχι*, erz; *archangelus*, Erzengel; *pavo*, Pfau; *persica*, (*malus*,) Pfirsich; *gradus*, Grad; *lancea*, Lanze; *sparus*, Speer; *psalterium*, Psalter; *psalmus*, Psalm; *presbyter*, Priester; *parochus*, Pfarrer; *praedicator*, Prediger; *mus*, Maus; *scribere*, schrei-

---

signation oder Ergebung, *passionnirt* oder leidenschaftlich, *Corporation* oder Körperschaft, *Judaïsmus* oder Judentnm, *Christianismus* oder Christentum, *Bataille* oder Schlacht, *Campagne* oder Feldzug, *Publicität* oder Öffentlichkeit, *Toleranz* oder Duldung, *Autor*schaft oder Schriftstellerschaft, *extraordinair* oder aufserordentlich, *Generation* oder Geschlecht, *Resultat* oder Ergebnis, *Factum* oder Tatsache, *Civilisation* oder Gesittung, *Cultur* oder Bildung, Anbau, *Condition* oder Bedingung, *paralysiren* oder lähmen, *Constitution* oder Verfassung, *Emigrirter* oder Ausgewanderter, *Emigration* oder Auswanderung; etc. (höchst seicht ist der beliebte, scheinbar vom Kunstsin eingegebene, aber in dem vorliegenden Falle alle Kunst wirklich zertretende Vorwand: wir müssen, um den Vortrag zu vermannichfachen, im Ausdruk wechseln können. Der Franzose hat nur *armée*, nur *constitution*, nur *émigré*, *émigration*; etc. und er weis doch damit auszureichen.) Ja wir verdrängen sogar recht gute, der Grundform der Sprache sich völlig anschmiegende deutsche Zeichen: Oheim, Neffe, Nichte, Muhme, Base, Vetter, Frau, Jungfer, Heer, Beiwache, beiwachen; etc. um die gänzlich austretenden fremden: *Cousin*, *Cousine*, *Nièce*, *Neveu*, *Madame*, *Mademoiselle*, *Armée*, *Bivouac*, *bivouaquiren*; etc. als vornehmer oder zierlicher klingend an ihre Stelle zu bringen, und lassen die lezteren in Gespräch und Schriften ausschlieslich oder doch fast ausschlieslich zu Worte kommen. So ganz dahin ist schon bei uns der Sin für Form, der, wie die im Texte angeführten Wörter beweisen, bei unseren Alten so lebendig war!

ben; *rapere*, raffen; *ventus*, Wind; *mola*, Mühle; *lens*, Linse; (μεγας,) μεγαλη, michel, (altd. für gros;) μεγιστος, (*magis*,) meist; *magister*, Meister; *fides*, Fiedel; *culmen*, Kulm; *pellis*, Fel; *arista*, Ähre; *semen*, Samen; *serere*, *sevi*, säen; *sata*, Saaten; *trux*, trozig; *ordo*, Ordnung; *ordinare*, ordnen; *ordre*, (franz.) beordern; *volo*, *velle*, wollen; *vastus*, wüst; *stabulum*, Stal; *nomen*, Namen; *nebula*, Nebel; *corbis*, Korb; *crux*, Kreuz; *signare* (*cruce*,) segnen; *circulus*, Zirkel; *charta*, Karte; *vespera*, Vesper; *tabula*, Tafel; *tigris*, Tiger; *cornu*, Horn; *claustrum*, Kloster; *monachus*, Mönch; *rectus*, recht, richtig; *erigere*, errichten; *falsus*, falsch; *gula*, Kehle; *gurgulio*, Gurgel; *caesar*, Kaiser; *laïcus*, Laie; *formula*, Formel; *liber*, Liberei, (wie Bücherei;) *baculus*, Bakel; *pendulus*, (*pendule*,) Pendel; *carcer*, Kerker; *pretium*, Preis; *linum*, Lein; *durare*, dauern; *acerbus*, herbe; *axis*, Achse; *mustum*, Most; *muscus*, Moos; *hora*, Uhr; *rosa*, Rose; *oryza*, Reis; *ampulla*, Ampel; *sponsus*, Sponse, Gespons; *nurus*, Schnur; *palma*, Palme; *par*, Paar; *sus*, Sau; *aper*, Eber; *emplastrum*, Pflaster; *forma*, Form; *formare*, formen; *urina*, Harn; *spuma*, (*écume*, *escume*,) Schaum; *febris*, Fiber; *tonus*, Ton; *clangor*, Klang; *clangere*, klingen; *tonare*, donnern; *tonitru*, Donner; *murmur*, Gemurmel; *murmurare*, murmeln, murren; *susurrus*, Gesur; *penicillus*, Pinsel; *musculus*, Muskel; *regula*, Regel; *grunnire*, grunzen; *sugere*, saugen; *organum*, Orgel; *rota*, Rad; *fibra*, Fiber; *thronus*, Tron; *corona*, Krone; *coronare*, krönen; *fabula*, Fabel; *corpus*, Körper; *jubilum*, Jubel; *jubilare*, jubeln; *temperare*, tempern; (die von Passow in seinem Aufsaze gegen mich, zum Beweise daſs schon unsere Alten Wortmengerei getrieben! aus dem Titurel angeführten Wörter firmen, verklarifunkeln *) gehören gleichfals hieher;) *bursa*, (Mittellat.) Börse; *nervus*, Nerv; *pestis*, Pest; *creta*, Kreide; *seta*, Seide; (*les soies du sanglier*;) *pix*, Pech; *mulus*, Maul; *ficus*, Feige; *status*, (*état*,) Staat; *versus*, Vers; *solea*, Sohle; *truncus*, Strunk; *turris*, Turm; *piper*, Pfeffer; *littera*,

---

*) Passown zwar möchte der Misgrif zu verzeihen sein. Aber daſs selbst ein Grim (man sehe die Vorrede zur ersten Ausgabe seiner Grammatik;) Wörter wie Kirche, Kirsche, Preis, Spiegel, Tafel, fein, klar, etc. deren deutscher Charakter so lebendig vortrit, mit solchen wie Person, Altar, Natur, etc. oder so Gott wil wie *Abstraction*, *Combination*, *Resultat*, *Compliment*, *Frivolität*, etc. in Eine Klasse bringt, dürfte wol mit Recht befremden — und ist ein neuer Beweis wie sehr bei uns Deutschen durch den rastlosen Verkehr mit dem Abheimischen der Sin für die Grundform unserer eigenen Sprache sich bereits verloren hat. Der Franzose würde denn doch wol laut auflachen, wenn man ihn bereden wolte, die Wörter *valise*, *épervier*, *écluse*, *éperon*, *compagnie*, *jardin*, *espiègle*, (Eulenspiegel,) etc. wären keine französische Wörter, sondern deutsche, — wie der Römer laut aufgelacht haben würde, wenn man ihm im Ernst versichert hätte, Zeichen wie *vinum*, *viola*, *comissari*, *obturare*, (von θυρα,) *vomere*, etc. wären griechische Zeichen und keine römische. Wie? hätte der leztere unstreitig zu dem Versicherer gesagt, hältst du mich denn für so stumpfen Gefühls, daſs du glauben kanst ich sei nicht fähig Sprache von Sprache und die Natur eines lateinischen Wortes von der Art und Weise eines griechischen zu unterscheiden?

Die gesezmäſsigen Formen Kirche, Kirsche, Spiegel, etc. verhalten sich zu den ungesezlichen Natur, Altar, Person, etc. völlig eben so wie die lateinischgewordenen *vinum*, *ovis*, *vis*, *ovum*, *ver*, *aevum*, *vestis*, etc. zu den roh griechischen *orexis*, *zelotypia*, *cacoëthes*, *symphonia*, *sympathia*, etc.

Letter; *titulus*, Titel; *flosculus*, Floskel; *angustus*, eng; *anxietas*, Angst; *poena*, Pein, verpönen; *piscis*, Fisch; *duplex*, doppelt; *gilvus*, gelb; *cacare*, kakken; *falco*, Falke; *anchora*, Anker; *draco*, Drache; *vellus*, Vlies; *pondus*, Pfund; *pulsus*, Puls; (*pulsiren* gehört zu *pulsus*, nicht zu Puls; das deutsche Zeitwort wäre pulsen;) *gelidus*, kalt; *errare*, irren; *habere*, haben; *miscere*, mischen; *calamus*, Halm; *stipula*, Stoppel; *martyrium*, Marter; *martyr*, Märtirer, (besser Märtrer;) *schola*, Schule; *elephas*, Elf, (noch in Elfenbein vorhanden;) *unda*, Unde; (Niebel.) *facula*, Fakkel; *larva*, Larve; *clausula*, Klausel, verklauseln; *summa*, Summe, summen; *populus*, (peuple,) Pöbel; *mantellum*, Mantel; *centum*, *centenarius*, Zentner; *tegula*, Ziegel; *tegere*, dekken; *marmor*, Marmel; (späterhin wieder in Marmor verundeutscht und verdorben. — Natürlich legt der Deutsche an das was sein Eigentum ist oder doch dafür gelten wil, das Maas seiner Sprache, nicht der lateinischen an;) *asellus*, Esel; *schedula*, Zettel; *strigilis*, Striegel; *insula*, Insel; (die zwitterhafte Ableitung *Insulan*er gehört mehr zu *insula* als zu Insel; Inseler wäre die deutsche Form;) *monasterium*, Münster; *moneta*, Münze; *pluma*, Pflaum; *herus*, Herr; *mortarium*, Mörser; *saccharum*, Zukker; *cicer*, Kicher; *cella*, Zelle, Keller; *cancelli*, Kanzel; *cancellarius*, Kanzler; *populus*, Pappel; *gyrus*, Kreis; *offere*, opfern, Opfer; *vipera*, Viper; *copula*, Koppel; *copulare*, verkuppeln; *gypsum*, Gips; *ostrea*, Auster; *cithara*, Zitter; (wie Gitter;) *flamma*, Flamme; *coquus*, Koch; *coquere*, kochen; *sal*, Salz; *salsus*, salzig; *mare*, Meer; *cista*, Kiste, Kasten; *caulis*, Kohl; *cerasum*, Kirsche; *calx*, Kalk; *lampas*, Lampe; *diabolus*, Teufel; *angelus*, Engel; *genu*, Knie; *fenestra*, Fenster; *palus*, Pfahl; *fadar*, persisch, (*pater*,) Vater; *madar*, (*mater*,) Mutter; *dochtar*, Tochter; *beradar*, (*frater*,) Bruder; *madah*, Mädchen; *nau*, (*novus*,) neu; *jok*, (*jugum*,) Joch; *garph*, Grab; *bandt*, Band; *cal*, (*calvus*,) kahl; *coda*, Gott; etc. — Den lezteren, den Weg der Umbildung, schlugen, wenn sie ihren Ausdruk aus der Fremde bereichern wolten, gewöhnlich und in der Regel unsere Altvorderen ein. *)

---

*) Unsere Sprache ist bekantlich vol von solchen echt deutsch gewordenen Fremdwörtern, persischen, indischen, griechischen, lateinischen, (die in dem Texte aufgeführten gehören gröstenteils nur zu den lezteren;) italiänischen, (Stempel, Strafse, Meile, Gondel, scherzen; etc.) altfranzösischen; etc. Man möchte wol sagen dafs fast ein Fünftel des Ganzen aus solchen besteht. Ja wie erwiesen ist dafs der gröfsere Teil der lateinischen Wörter aus dem Griechischen stamt, so dürfte sich vielleicht erweisen lassen, dafs die mehresten der unsrigen gleichfals aus anderen Sprachen, morgenländischen vornehmlich, herzuleiten sind. — Einzele Ausnahmen wie Natur, Person, Altar, etc. wo das fremde Wort fast unverändert in die Sprache sich eingeschlichen, kommen hier nicht in Betracht. Die Anzahl derselben (ich spreche natürlich nur von den in den frühsten Zeiten eingedrungenen;) ist höchst unbedeutend, und sie verschwinden in der Masse unsers Worttums wie ein Tropfen im Weltmeer. Auch kehren manche in ihren Ableitungen mehr oder weniger in den Strom der Sprache zurük: natürlich, Natürlichkeit, entnaturen, etc. persönlich, Persönlichkeit, persönlichen; etc. In anderen: Bischof, Schalmei, Latwerge, Pallast, Karfunkel, Kapaun, Almosen, Spezerei, Schaffot, Lakei, Partei, benedeien, maledeien, kasteien, profezeien, Abenteuer, Filosofei, konterfeien, Konterfei, Fantasei, Paradeis, verparadeisen, (Titurel;) luzernen, (Titur.) Melancholei, Barbarei, verbarbarn, Trompete, trompeten, Drommete, Kartaune, Melodei, Zipresse, Anemone, Aurikel, Ranunkel, etc. ist wenig-

In früheren Zeiten ist es das Volk oder, wenn man lieber wil, der Naturmensch, in späteren der Verfeinerte des Volks, der unmittelbar auf die Sprache einwirkt. Jenes geht, wenn es aus der Fremde ein Wort zu seinem Gebrauche sich ausprägt, blos und einzig seinem richtigen Gefühle nach und dem ihm angestamten Triebe die Sprache bei ihrer Einheit und Gleichförmigkeit festzuhalten. Es nimt also die fremde Bezeichnung nicht in ihrer rohen Gestalt auf, wie es sie eben vorgefunden, sondern sucht sie, und das mit Recht, durch Umwandlungen mancherlei Art, hier etwas wegnehmend, dort etwas zugebend, oft auch wol die Mit- und Selblaute abändernd oder die Buchstaben versezend, der Grundform ihres neuen Ganzen völlig anzupassen. Denn fortan sol sie ja nicht mehr Teil und Glied einer anderen Sprache, sie sol ausschlieslich Glied und Teil der seinigen nur sein. Sehen wir doch jezt noch dafs der gemeine Man unter uns, wenn er ein abheimisches Wort in seinen Kreis zieht, es in seinem Munde so lange herumdreht, bis es heimische Natur und Art sich angewonnen. So wird ihm *Umbra* zu Umbraun, *Ventilator* zu Fensterlader, *renoviren* zu reine führen, schwerer *Train* zu schwerem Getränk, eine *chalcographische* Geselschaft zu einer kalten Grafengeselschaft; etc. Auf den Inhalt der Zeichen, der für den Verstand gehört, gibt er weniger als auf ihre Form, die zu den Sinnen spricht. — Wir Gebildete, Überverständige lachen über solche Wortverdrehungen: warum? weil wir umgekehrt auf die Form der Zeichen nichts, auf ihren Inhalt alles geben;

---

stens das Bestreben sichtbar sich der Natur des Ganzen anzugleichen. — Die Ableitung Bistum (von Bischof,) ist völlig deutsch.

weil uns das Sinliche in der Sprache zur Nebensache geworden ist; weil wir beim weiteren Fortwirken auf dieselbe ganz andere Zwekke verfolgen, durch ganz andere Rüksichten uns bestimmen lassen, als ehemals und auch jezt noch immer das Volk. (Siehe z. B. S. 22 °, das Ende der Note.) So verdirbt in unseren Händen die Mutterrede, die bei dem Tun und unter dem Einwirken des Unverfeinerten ihren naturgemäſsen Gang unverrükt und unverschoben fortgeht.

Wie verschieden das Volk und der Verfeinerte des Volks beim Bilden der Sprache zu Werke gehn, fält sehr lebhaft auf, wenn man das Kunstworttum unserer Handwerker mit dem Kunstworttume unserer Gelehrten vergleicht. Auch unsere Handwerker lernten manches anderen Nationen ab. Aber die neuen Begriffe übertrugen sie nicht roh, wie unsere Gelehrten, in die Muttersprache, sondern sie kleideten sie, dem Winke der Natur gehorsam, fast immer in heimisches, echt deutsches Gewand, indem sie bald der einen, bald der anderen der angeführten Verdeutschungsweisen sich bedienten. So hielten sie die Sprache fest auf ihrer Bahn, während der Gelehrte sie ganz und völlig aus derselben hinausschob.

„Weil uns, sagte ich so eben, das Sinliche in der Sprache zur Nebensache geworden," (oder, was gleich gilt, weil in uns das leisere Gefühl für Form fast gänzlich erstorben ist; weil wir bei fernerer Bearbeitung der Mutterrede dem Verstande mehr als recht war und zum Nachteil und auf Kosten der Empfindung gefröhnt und gehuldigt haben.) Hier — ich wil sagen in dem Vorwalten der unteren Seelenkräfte bei den Schöpfern und Gestaltern der menschlichen Rede, so wie in dem Übergewichte der oberen bei ihren Nachfolgern, finden wir den Grund warum überhaupt Sprachen in ihrem Jugendalter volkomner sind als in ihrem Spätleben, in den Zeiten der Bildung und Verfeinerung, die sie almälig schwächen und entnerven und aus den Lustgärten des Gefühls und der Fantasie in die öden Steppen des kalten Verstandes hinabziehn. Deutlichkeit und handgreifliche, breite Verständlichkeit wird dem Übergebildeten zur Hauptsache, der er alles Andere, und das Zartere in der Form zuerst, rüksichtlos zum Opfer bringt. Man durchblättere nur die grimsche Grammatik. — Bei uns Deutschen treten noch die Wut der Allessagerei und die meist durch gekkenhafte Eitelkeit erzeugte und genährte leidenschaftliche Gier nach dem Fremden als kräftig mitwirkende Ursachen des Sprachverderbs hinzu. Der Hochverfeinerte stelt dan, um sich das Feld zu erweitern, Grundsäze auf, wie der öfter erwähnte göthesche ist: Der geistvolle Mensch knetet seinen Wortstof ohne sich zu bekümmern aus welchen Elementen er bestehe; das heist mit einem anderen Ausdruk, ohne dabei auf das Wesen und die Natur und Art und die Grundgeseze seiner Sprache irgend weiter Rüksicht zu nehmen.

Dafs wir Überverständige demnach beim Fortbilden der Mutterrede einen ganz anderen Weg gehen, als den beim Bilden derselben unsere schlichteren Vorfahren gegangen sind, ja ihnen wol gar völlig den Rükken zudrehen. Sie suchten Einheit in der Sprache, und musten sie suchen, weil ohne Einheit keine Sprache erwachsen und gedeihen mag. Wir — kehren den Fal um. Stat Spracheinheit zu suchen, oder doch wenigstens nach dem Beispiele anderer Völker möglichst unverlezt zu bewahren, lösen wir geschäftig die vorgefundene auf; und was richtig fühlend und naturgemäs der Vorfahr aufgeführt und aufgestelt, ein kunstgerechtes, harmonisch gefügtes, in allen seinen Teilen mit sich selbst in Einklang stehendes Sprachgebäude, das reifsen wir unnatürlich und wie verdumpften Sinnes wieder ein.

So gehn Sprachen, wenn sie ihren Gipfelpunkt erstiegen, unaufhaltsam wieder zurük und abwärts! — War der Weg, den unsere Altvorderen betraten, der rechte Weg; und dafs er es war, wird wol so leicht kein Nachdenkender leugnen: so mus der gänzlich entgegengesezte, den wir eingeschlagen und jezt rasch und rüstig fortwandeln, notwendig ein falscher sein.

Andere Völker, von geschärfterem Sprachsin als wir, bleiben, wenn sie Fremdes sich aneignen wollen, auch jezt noch immer dem Naturgesez getreu. Die Franzosen z. B. die, was sie in älteren und neueren Zeiten unserer Sprache abgewonnen, stets dem Gebot ihrer Grammatik unterworfen und der Grundform ihrer eigenen Rede auf das strengste angepäst haben: kalte Schale, *calichat*; trinken, *trinquer*; Lanzenknecht, *lansquenet*; Feleisen, *valise*; Habersak, *havresac*; Reiter, *reitre*; Lärm, *allarme*; Harnisch, *harnois*; Schif, *esquif*; Garbe, *gerbe*; Buddel, (niederd.) *bouteille*; Kompan, *compagnon*; Kompanei, *compagnie*; spellen, (buchstaben,) *épeller*; Forst, *forèt*; Schrein, *écrin*; mispreisen, (niederd.) *mépriser*; Krug, *cruche*; Pelz, *pelisse*; blau, *bleu*; Baare, *bière*; Küssen, *coussin*; Kegel, *quille*; Woge, wogen, *vague*, *voguer*; Ban, bannen, *ban*, *bannir*; Säbel, *sabre*; niedersäbeln, *sabrer*; Hafen, *havre*; Reinhard, *renard*; pissen, *pisser*; Reichstaler, *risdale*; Groschen, *gros*; staunen, *étonner*, (*estonner*;) Sporn, *éperon*; Sperber, *épervier*; Tonne, *tonneau*; Kufe, *cuve*; Glokke, *cloche*; Brander, *brandon*; Salm, *saumon*; Kelle, *écuelle*; braun, *brun*; falb, *fauve*; Walter,

Gautier; Wilhelm, *Guillaume*; rauben, *dérober*; wahren, verwahren, *garder*; Bier, *bière*; Saal, *sale*, *salon*; Sold, *solde*; lekken, *lêcher*; Titte, *têton*; Hütte, *hutte*; tasten, *tâter*; Garten, *jardin*; Krebs, *écrévisse*; gebranter Wein, *brandevin*; Mährenschalk, *maréchal*; krachen, *craquer*; Klingklang, *clinquant*; wasch (en,) *gouache*; krazen, *gratter*; Spargel, *asperge*; Halsberg, (Oberpanzer,) *haubert*; höhnen, *honnir*; Beute, *butin*; Schleuse, *écluse*; Stube, *étuve*; Nakken, *nuque*; Bolwerk, *boulevard*; Alberge, *auberge*; Ros, *rosse*; Hast, *hâte*, Burg, *bourg*; Degen, *dague*; Markt, *marché*; Pak, *paquet*; Krampf, *crampe*; Tanz, *danse*; tanzen, *danser*; greifen, *gripper*; Flasche, *flacon*; verriegeln, *verrouiller*; reich, *riche*; Beiwache, *bivouac*; beiwachen, *bivouaquer*; etc. — Voltaire hatte über den natürlichen Bildungsgang der Sprache schwerlich nachgedacht, als ihm bei Gelegenheit des Ausdruks *assassin* (wie *marcassin*, *bécassine*, *ressasser*, etc.) im Unmut die Worte entfielen: „*Nom corrompu du mot Ehisessin. Rien n'est plus ordinaire à ceux qui vont en pays lointain que de mal entendre, mal répeter, mal écrire dans leur propre langue ce qu'ils ont mal compris dans une langue absolument étrangère, et de tromper ensuite leurs compatriotes en se trompant eux-mêmes. L'erreur s'établit de bouche en bouche et de plume en plume. Il faut des siècles pour la détruire.*“ Das rohe, wild fremde, rein morgenländische Wort *Ehisessin* würde als Algemeinbegrif (Mörder überhaupt, nicht eine besondere Klasse von Mördern, nicht mehr die Mordbande des Alten vom Berge,) im Französischen eine gar traurige Rolle gespielt, es würde durch seine Form aus den Reihen der Algemeinbegriffe sich gleichsam selbst ausgeschieden haben. — Unsere Übergebildeten vergessen immer daſs die Sprache aus Wörtern, und nur aus Wörtern besteht, dafs sie ihrer Natur und ihrem Wesen nach ein in allen seinen Teilen gleichgearteter Körper ist oder doch sein sol, und dafs sie sonach durch jedes Wort, welches in diesen Körper nicht eingeht und zum Ganzen nicht past, schwer verlezt und schnöde entstelt und verunstaltet wird. Den Unverbildeten leitet hier sein ihm angeborener Naturtrieb weit sicherer, als jene ihr hochgeschraubter, überreifer Verstand; — sein Naturtrieb, sage ich. Denn die Sprachen sind Erzeugungen der Notwendigkeit, nicht der Überlegung. Wäre in den Schöpfern der menschlichen Rede nicht ein dunkles zwar, aber lebhaftes Gefühl, eine geheime Kraft, ihnen selbst gleichsam unbewust, rege und lebendig wirksam gewesen, die sie sicheren Trittes gehen lies auf ihrer Bahn, schwerlich hätte wol je eine Sprache entstehen und zu einem festbeschlossenen, wol und schön geordneten, in allen seinen Teilen und Gliedern mit sich selbst übereinstimmenden Ganzen sich entwikkeln und ausbilden können.

Freilich klingt er seltsam, im ersten Moment fast lächerlich, der Saz: der Ungelehrte oder das Volk bildet die Sprache; der Gelehrte und der ganz oder halb Gebildete verbildet sie; aber er ist dennoch buchstäblich wahr. Von den oberen Klassen ist bei uns die Wortmengerei ausgegangen, und sie wird auch fast ausschlieslich von den oberen Klassen nur betrieben: welcher leztere Umstand allein schon hinreicht ihr das Zeichen der Unnatürlichkeit, das heist mit einem anderen Worte, der entschiedensten Schlechtigkeit aufzudrükken. —

Doch ich kehre von meiner Abschweifung zurük. Wenn der Deutsche von Verwirrung der Sprache redet, so meint er immer nur die logische. Um die grammatische oder (was gleich gilt,) die ästhetische bekümmert er sich nicht, — eben weil er in den Wörtern nur den Inhalt, und sonst durchaus nichts weiter sieht; weil er jedes nur für sich, nie in seiner Verbindung mit dem Ganzen nimt. Ein Beispiel. „Campe, sagt Jean Paul Richter, hat durch unverständliche Übersezung verstandener Ausländer die Sprache verschoben und verwirt.“ Ich wil Campen' das Wort nicht reden. Aber eben das Recht, welches Richter hat über die logische Verwirrung der Sprache zu klagen, eben das Recht steht doch wol auch einem Anderen zu gegen die grammatische Verwirrung derselben zu eifern. Beide Arten der Verwirrung sind schlecht; doch die leztere zumeist, weil die Jahre sie nicht, wie jene, heben können. Jene verdunkelt eine Zeit lang stellenweise die Sprache. *) Diese führt sie unaufhaltsam erst ihrer Ausartung, dan ihrer Auflösung entgegen.

---

*) Eine solche vorübergehende, teilweise Verdunkelung der Sprache muste auch schon damals stat haben, als Wörter wie Lippe, (*labium*,) Ohr, (*auris*,) Mauer, (*murus*,) Pflanze, (*planta*,) etc. oder wie überflüssig, (*superfluus*,) anfangen, (*incipere*,) unternehmen, (*entreprendre*,) unterbrechen, (*interrumpere*,) etc. zuerst aufkamen. Durch raschen Umlauf und wiederholten Gebrauch verlor sich ihre Dunkelheit und sie wurden almälig dem Volke verständlich. Auf gleichem Wege lernt stufenweise das Kind die Wörter seiner Mutterrede fassen. — So haben auch wirklich in den neusten Zeiten einige von Campen in Vorschlag gebrachten Neugepräge wie Umwälzung, umwälzerisch, folgerecht, folgewidrig, Folgerichtigkeit, Folgewidrigkeit, (stat der pedantischen *consequent*, *inconsequent*, *Consequenz*, *Inconsequenz*;) Zerbild, zerbilden, Einzelwesen und andere, selbst das so arg verschrieene Steldichein, durch ihr häufigeres Auftreten in Schriften algemeine Verständlichkeit bereits sich angewonnen.

Schlieslich noch Eine Bemerkung. Es scheint man habe bei uns bisher mit dem Ausdruk: eine verwirte, verdorbene, verwilderte, ausartende und ausgeartete Sprache immer nur sehr unklare und unbestimte Begriffe verbunden; — und man hat sich in der felsenfesten Überzeugung dafs die Schärfe dieses Ausdruks die unsrige unmöglich treffen könne, mit diesen unbestimten, nebelnden und schwebelnden Begriffen auch ohne weiteres zahm und bequem begnügt. Siehe z. B. S. 44 ° flgd. Selbst unsere Filologen, denen doch hier die kräftig gesunden Sprachen Roms und Griechenlands, dort das verdorbene Latein des Mittelalters und das canusische Doppelgeplauder, wie Horatius es verächtlich nent, ganz unmittelbar vor Augen standen, haben über diesen Gegenstand nichts Festes, nichts Treffendes und Befriedigendes gesagt. Denn Algemeinheiten wie etwa Gesners: *Doctores nostri publici corrumpunt linguam patriam miscendo omnium linguarum vocabula*, die sich begnügen uns das nakte Geschichtliche hinzustellen, berühren kaum die Oberfläche und gehn der Sache nicht auf den Grund. Eben so unsicher wurde bis auf diesen Augenblik von unseren Gelehrten und Sprachkündigen um den Begrif Sprachreinigkeit herumgetapt. Kinderling, der ein ganzes Buch über die Reinigkeit der deutschen Sprache geschrieben, ein Buch, das noch obenein von der berliner Akademie als eine Meisterschrift gekrönt worden, ist hier so wenig auf der rechten Fährte, dafs er sogar behauptet, unter allen jezt lebenden Sprachen sei die unsrige die reinste, die französische dagegen ganz entschieden die unreinste: wobei er auf die seltsamste Weise Reinigkeit der Sprache mit Urtümlichkeit derselben verwechselt. Eines ähnlichen Misgrifs machten auch ohne Ausnahme alle Männer und — Knaben sich schuldig, die bisher bei uns über Sprachreinigkeit und Sprachreiniger gespöttelt und gespottet. Es fiel ihnen, den sich so weise Dünkenden, auch im Traume nie ein daſs die lezteren zu ihrem Ankämpfen gegen den Mischmasch denn doch einen anderen und tüchtigeren Grund etwa wol haben möchten, als den albernen, von ihnen so vielfach belohnlächelten: verwerflich sei das Fremde, weil es fremd und nicht deutschen Ursprungs sei. — Unrein, und höchst unrein kan, wie unser Deutsch und das Latein des Mittelalters beweisen, auch eine Ursprache sein; rein dagegen, und in hohem Grade rein, auch eine abgeleitete, wie die italiänische, französische, spanische, — dafern sie nämlich, wie diese, den Gesezen der Form, des Klangs und der Betonung, die sie bei ihrem Entstehen sich selbst vorgeschrieben, unveränderlich getreu bleibt, oder ihnen doch so selten als nur immer möglich entgegenhandelt. Verdorben wiederum und in der Ausartung begriffen ist eine Sprache, Ursprache oder abgeleitete: gleichviel! die, wie die unsrige und das entwürdigte Latein, mit diesen Grundgesezen (ich nenne sie so, weil aus ihnen zunächst und am unmittelbarsten der Grundton und der Charakter der Sprache hervorgeht;) die, sage ich, mit diesen Grundgesezen ihren Scherz treibt und sie, wo es nur gilt, regellos und zügellos und mit dem frölichsten Mute überspringt; die in den Wörtern, den Teilen und Gliedern ihres Körpers, den Inhalt, den sie, als Sprache überhaupt, auch mit anderen gemein hat, höher stelt als die Form, die ihr, als einer gegebenen Sprache, ausschlieſsend eigen ist. Denn nicht durch den Inhalt ihrer Zeichen unterscheidet sich Sprache von Sprache. Die Wörter aller Sprachen drükken Begriffe, und im Ganzen dieselben

Begriffe aus: Hund, Pferd, Ochse, etc. *chien, cheval, boeuf*, etc. *canis, equus, bos*, etc. Tugend, Laster, Liebe, etc. *vertu, vice, amour*, etc. *virtus, vitium, amor*, etc. Erde, Feuer, Luft, Wasser, etc. *terre, feu, air, eau*, etc. *terra, ignis, aër, aqua*, etc. eins, zwei, drei, etc. *un, deux, trois*, etc. *unus, duo, tres;* etc. Nur durch die Form derselben trit bestimt und entschieden die eine von der anderen ab. Die Grammatik nimt aber die Sprache nicht als Gattung, sondern als Einzelwesen. Sie bekümmert sich nicht um ihren inneren Gehalt, sondern blos um ihre äufsere Gestaltung; *) und zu dieser gehört die sinliche Beschaffenheit des Sprachstofs oder die Form der Wörter wesentlich, ja als das Wesentlichste mit.

Vielleicht trägt die gegenwärtige Schrift einigermaafsen bei die beiden Ausdrükke: Sprachreinigkeit und Sprachverdorbenheit, über deren Bedeutung schon auf Schulen der heranwachsende Knabe im Klaren sein solte, genauer und fester zu bestimmen.

Dafs übrigens die Sprache auch durch Verlezung anderer grammatischen Geseze, der Fügung, der Wortstellung, etc. (alles dieses gehört zur Form;) verdorben und verfälscht werde, versteht sich von selbst und bedarf keiner besonderen Erinnerung. Zunächst und am empfindlichsten wird sie aber in dem hier in Rede stehenden Grundgeseze angegriffen; und es ist eine nur durch die betäubenden Einflüsse des Schlenders erklärbare überschwängliche Folgewidrigkeit, wenn wir Abweichungen von den Regeln der Wortstellung, Wortfügung, etc. auf das strengste rügen, und doch zu gleicher Zeit selbst die härtesten

*) Die Bedeutung der Wörter und ihr logischer Inhalt gehört in das Wörterbuch, nicht in die Grammatik.

Verstöſse gegen die Regeln der Wortbildung ungeahndet durchlassen. *) Vergl. S. 40 ° flgd. Dem nicht wie wir durch die Nebeldünste eines mehr als zweihundertjährigen Herkommens eingeschläferten und gegen die Grundform seiner Sprache dumpf und stumpf gewordenen Franzosen würde ein: *c'est un homme qui manque de judicium* oder gar *de judicio* nicht minder empörend, ja empörender noch klingen als ein: *il manque du jugement* stat *de jugement.* — Leider lehrt uns die Erfahrung daſs durch träge Angewöhnung der Geist auch gegen die gröbsten grammatischen Fehler bis zu gänzlicher Unempfindlichkeit sich abhärten kan. Der Berliner, und nicht etwa blos der Hefen des Volks, läst mir stat mich, sie stat ihnen, ihn stat ihm, darin stat darein, etc. an seinem Ohre vorübergehn, ohne daſs er die argen Gesezwidrigkeiten nur wahrnimt, geschweige denn sich dadurch beleidigt fühlt. Manche schämen sich sogar richtig zu sprechen, weil sie von Anderen ihres Kreises, die wie sie die Sprache radebrechen, ausgelacht zu werden besorgen. Man mus, sagen sie, mit den Wölfen heulen, wenn man von ihnen nicht gebissen sein wil. So sagt auch wol jezt Dieser und

*) Man wird mir einwenden daſs in neuaufgebrachten deutschen Wörtern allerdings auf den Bau geachtet und Übertretung des deutschen Bildungsgesezes von unseren Sprachkundigen gerügt wird. Um so unbegreiflicher ist es daſs man in anderen, die man doch überal und ohne Unterschied stat der wirklich deutschen gebraucht und so durch die Tat für eben so gesunde Teile der Sprache erklärt als diese, das gänzlich Austretende in der Form nicht etwa nur für unbedeutende Nebensache zu halten, nein, gar nicht einmal zu bemerken scheint. Fühlt man denn hier das handgreiflich Grobe des Widerspruchs nicht?

Jener: man mus Wortmengerei mit dem grofsen Haufen treiben, wenn man von ihm nicht für einen Sonderling gehalten und als solcher gehudelt und verspottet und mit Kot beworfen werden wil.

S. 121. Z. 8. Ich erinre nur an die dort und da zerstreuten Fragmente des Lucilius und die Werke des Plautus, die von griechischen Brokken nicht selten starren.

Unter den römischen Dichtern erlaubte sich nur, wie ich schon öfter bemerkt, im Begin der Litteratur, als das Gefühl des Schönen und Edlen sich erst zu bilden rang, Mancher noch zuweilen den Gebrauch griechischer Wörter algemeines Inhalts. Aus dem Plautus habe ich in meinem Wortreichtume, T. I. S. 623. flgd. mehrere hieher gehörige Stellen angeführt. Auch Einiges aus dem Lucilius. Lucretius bietet in seinem Gedichte eine Reihe von Versen, die mit rein griechischen Ausdrükken auf das widrigste durchflochten ist. Da sie nebenbei beweist wie sehr, was ich hie und da in meinen Schriften behauptet, in der Umgangsprache der Römer griechische Wörter und Redensarten gewurzelt hatten, so seze ich sie hieher:

Nigra μελιχροος est, immunda et foetida ἀκοσμος,
Caesia παλλαδιον, nervosa et lignea δορκας,
Parvula pumilio, χαριτων ἰα, tota merum sal,
Magna atque immanis καταπληξις, plenaque honoris,
Balba loqui non quit, τραυλιζει, muta pudens est;
At flagrans, odiosa, loquacula λαμπαδιον fit;
Ἰσχνον ἐρωμενιον tum fit, quum vivere non quit
Prae macie; ῥαδινη vero est jam mortua tussi.
At gemina et mammosa Ceres est ipsa ab Ïaccho;
Simula σιληνη ac satyra'st, labiosa φιλημα.

Horatius hatte diese Stelle vor Augen, als er in der dritten Satire des ersten Buches die Verse: *At pater ut gnati;* etc. niederschrieb. Aber wie hoch steht hier der fein empfindende Nachahmer über seinem roheren Urbilde! Er gehörte nämlich zu den späteren, gebildeteren Dichtern, die lebhaft fühlten, dafs ein so geistloses Gemisch zweier in ihrer Natur und Art gänzlich verschiedenen Sprachen mit dem geordneten Vortrage überhaupt, und dem poetischen insbesondere durchaus nicht vereinbar sei. Würde Virgilius, der grofse Meister im dichterischen Ausdrukke, in einem Gemälde, wie das folgende vom Ennius, das Wort *pausa* sich wol je erlaubt haben?

— Mundus coeli vasto constitit silentio
Et Neptunus saevus undis asperis pausam dedit.
Sol equis iter repressit ungulis volantibus;
Constitere amnes perennes; arbores vento vacant.

Wer erinnert sich hier nicht jenes anderen berüchtigten Verses von demselben Schriftsteller:

At tuba terribili sonitu taratantara dixit,

wo das *taratantara* wol kaum geschmakloser ist als unter diesen Umgebungen das *pausa*?

Auch Lucilius, der aber freilich in einer leichteren Gattung schrieb, hat dieses Wort:

Haec ubi dicta dedit, pausam facit ore loquendi;

welches der sinnige Virgilius in *finem* umgewandelt hat:

— finem dedit ore loquendi.

Pausa in algemeiner Bedeutung haben späterhin die besseren Prosaiker selbst nicht mehr zugelassen, — die überhaupt fremder Algemeinbegriffe sich nicht minder streng enthielten als die Dichter. „*Pausa*, sagt Cellarius, *i. e. quies, antiquissimos habet auctores, Accium, Lucilium, testante Nonio. Verum tradit Macrobius Virgilium et aequales ab hoc verbo et similibus* (ähnlicher griechischer Algemeinbegriffe,) *abstinuisse.*“

Ich bemerke noch hier daſs dies Wort der Natur und Weise der römischen Sprache eigentlich nicht entgegen war; aber im Ausdruk mochte es sich dem Ganzen noch nicht angeähnlicht haben. Für den äuſseren Sin war es eins mit dem Ganzen der Sprache, nicht aber für den inneren. Vergl. S. 62, 63. Es stand also mit Widerartigkeiten wie bei uns die Wörter *cras*, *trist*, *vag*, *lax*, *vil*, *promt*, *Corps*, *Charge*, *Tour*, *Chef*, etc. auf Einer und derselben Linie.

S. 218, lies nach der dritten Zeile:

Zur Seite 178 bis 194. In den hier angeführten, mit Fremdheiten volgepropſten, zahlreichen Bruchstükken war die Buntschekkigkeit des Stils offenbar nur Ausflus träger Bequemlichkeit und gedankenlos eingelernten Schlenders. Mancher aber macht ganz eigentlich Jagd auf das Französische. Man sieht daſs er es absichtlich, als Puzwerk, als Zierde und Schminke der Rede, in seinen Vortrag zieht. — „Der Verfeinerte, sagte ich S. 66°, verfolgt bei seinem Bearbeiten der Sprache ganz andere Zwekke und läst sich durch ganz andere Rüksichten leiten als der Unverbildete. Daher verdirbt unter seinem Griffe die Mutterrede, die unter den Einwirkungen des lezteren ihren naturgemäſsen Gang unverrükt und unverschoben fortgeht.“

In einem früheren Stükke des *litterar*ischen *Conversations*blattes finde ich folgende Stellen: „Wenn die *Cavaliere*, desgleichen ihre Affen und Bauchredner, die kozebueschen *Expectorationen* beiläufig zu sich genommen hatten, so konten sie die genossene Weisheit noch desselben Tages bei der *Cour*, in *Antichambren*, *Assembléeen*, *Casinos* oder bei *Toiletten* und Theetischen als *Bonmots* und *Sentiments* eigener *Fabrik reproduciren*.“ — „Sonst konten die Damen das alte *litterar*ische Wochenblat mit Hülfe ihres *Con-*

versationslexicons verstehn und darüber *badiniren* und *glossiren*. Aber jezt gibt solches oft Nüsse aufzubeifsen, welche für alle Perlzähnchen und *eleganten* Nusknakker zu hart sind. Ja, Freund, werden Sie gefälliger, scherzhafter, *frivoler*, meinetwegen plat und *scurril* mit ihren Aufsäzen und Bemerkungen." — Der Verfasser dieses sauberen Machwerks keucht atemlos der französischen Leichtigkeit und Anmut nach, zu deren Erfassung und innigster Aneignung die eingestreuten französischen Brokken ihm unentbehrlich dünken mochten. Sind doch die Wörter einer Sprache der Geistesabdruk des sie redenden Volks, dessen Begriffe und Vorstellungen sie versinlichen! Wer französisch scherzen und französisch flimmern und schimmern wil, scheint er sich gesagt zu haben, der plündere nur getrost das französische Wörterbuch aus; das deutsche wird ihn hier elend im Stich lassen. — Denkt man beim Durchlaufen dieser bunten Klekserei auch nicht eben geradezu an den Grauen der Fabel, der im Weteifer mit dem Schooshündchen *) den schweren Huf schwer aufhebt um seinem Herrn liebkosend die Bakken zu streicheln, so kan man sich doch kaum erwehren sich jenes jungen Deutschen zu erinnern, der ächzend und ganz in Schweis gebadet von einem Tisch unabläfsig herunter und dan wieder hinauf

*) Grim. Man sehe das Vorwort zu der benanten Zeitschrift. — Grim hatte während eines mehr als vierzigjährigen Aufenthalts in Paris, in stetem Umgange mit den feinsten, geistreichsten und wizigsten Männern und Frauen der Hauptstadt, seine deutsche Natur völlig abgelegt und war ganz und durchaus, äufserlich und innerlich, zu einem echten Franzosen geworden. Einem solchen Manne kan unter den Deutschen nur Der mit Glük nachtreten, den die Umstände eben so einzig begünstigten wie ihn.

sprang. *Que diable faites-vous là, mon ami?* fragte ihn ein eintretender Franzose, und die Antwort war: *Eh mais, Monsieur, je me fais joli.*

Die französische Leichtigkeit und Anmut ist nur dem Franzosen, und nur in seiner Sprache, erreichbar. Unter dem Griffe und auf der Zunge des Deutschen schrumpft sie wie Löschpapier zusammen. Sehr richtig sagt die Frau von Staël: *Dèsqu'on cherche à ressembler aux François, ils l'emportent en tout sur tous.* —

Dafs einem so arg Befangenen Sprachreinheit ein Greuel sein mus, versteht sich übrigens von selbst. „Ihr gröster Fehler, sagt er weiterhin zum Herausgeber, ist die unverkenbare *liberale* oder, wie die *Puristen* sagen, freisinnige *Tendenz* Ihres Blattes.“ — Warum, stat der Sprachreiniger zu spotten, widerlegt er sie nicht lieber? Warum beist er, der sich so ganz ohne Hehl für einen treflichen Nusknakker hält, die Nüsse nicht auf, die sie ihm aufzuknakken geben?

S. 232, Z. 7 von unten, lies: und würden, unter uns eingeführt, unsere Sprache zur Ausbildung einer schönen, mit sich selbst in Einklang stehenden, wirklich deutschen Prosa gerecht und tüchtig machen.

Berichtigungen.

S. 10, Z. 14 v. o. stat: Mechanischen, lies: mechanischen.
S. 44, Z. 6 v. u. stat: *lize-natèon*, lies: *lèze-nation*.
S. 53, Z. 10 v. o. lies: von Volk zu Volk und von Sprache zu Sprache nicht anders als abweichend und verschieden sein können.

Bemerkung zur Note, S. 62.

Ich erwarte nicht den Einwurf: die Wurzeln der mehrmals angeführten, umgebildeten Wörter: **Kirche**, *κυριακη*; Kirsche, *cerasum;* Preis, *pretium;* Spiegel, *speculum;* Tafel, *tabula;* fein, *fin;* klar, *clarus*, etc. sind nicht in der Sprache; folglich können diese Wörter nicht mit Recht deutsche Wörter heifsen. Die Wurzeln der lateinischen Wörter *ovum*, οFον; *ovis*, οFις; *vis*, Fις; *ver*, Fεαρ; *aevum*, αιFον; *vinum*, Fοινον; *via*, Fοια; *video*, Fοιδεω; etc. waren gleichfals nicht in der lateinischen Sprache, und doch haben diese Wörter immerdar und bis auf diesen Augenblik für echt lateinische Wörter gegolten. Ähnliches läst sich von den gothischen Bezeichnungen sagen, die die italiänische, und von den germanischgallischen, die die französische Sprache in früheren Zeiten an sich gezogen. Auch sie haben ihre Wurzeln nicht in der italiänischen und französischen, sondern in anderen Sprachen, und stehen doch dem Italiäner und Franzosen mit den ihnen angestamten Bezeichnungen auf Einer und derselben Linie. Selbst in unserer Mutterrede gibt es manches Wort über dessen Abkunft die Grammatiker sich noch streiten. Und ist es wahr, was jezt so ziemlich algemein angenommen wird, dafs der gröfsere Teil unserer Begrifszeichen aus morgenländischen Sprachen entlehnt ist, so sind die Wurzeln derselben ja auch nicht in der unsrigen, sondern in eben diesen morgenländischen Sprachen aufzusuchen. — Der gelehrte Forscher mag den Wurzeln nachgraben; sie sind für die historische Kentnis der Sprache von entschiedenem Wert. Aber dem Laien, (das heist der Mehrheit der Nation;) liegen sie gänzlich aufser dem Wege. Für diesen gilt blos die Frage: Hat dies und jenes Wort deutsche Natur und Art? geht es in Form, Klang und Betonung mit dem Strome des Ganzen? spricht es den äufseren und den inneren Sin völlig eben so an wie andere deutsche Wörter? Und wenn diese Frage mit ja zu beantworten ist, so heist es ihm mit Recht ein echt deutsches Wort, — es mag übrigens in seiner Wurzel innerhalb der Sprache oder aufserhalb derselben stehn.

FSC
www.fsc.org
MIX
Papier | Fördert gute Waldnutzung
FSC® C083411

Kolibri 360 GmbH
Ferdinand-Jühlke-Straße 7
99095 Erfurt, Deutschland
produktsicherheit@kolibri360.de